本书适用于中山大学医学生

Guidelines for Medical Academic Conduct and Manuscript Preparation

医学学术规范与论文写作

主　编　陈样新

副主编　林桂平　郑大会

中山大學出版社
SUN YAT-SEN UNIVERSITY PRESS
·广州·

图书在版编目（CIP）数据

医学学术规范与论文写作/陈样新主编．—广州：中山大学出版社，2024.10. —ISBN 978-7-306-08127-8

Ⅰ．G31-65；H152.3

中国国家版本馆 CIP 数据核字第 2024N8N403 号

出 版 人：王天琪
策划编辑：谢贞静
责任编辑：梁嘉璐　谢贞静
封面设计：林绵华
责任校对：管陈欣
责任技编：靳晓虹
出版发行：中山大学出版社
电　　话：编辑部 020-84110776，84113349，84111997，84110779，84110283
　　　　　发行部 020-84111998，84111981，84111160
地　　址：广州市新港西路 135 号
邮　　编：510275　　　　　传　真：020-84036565
网　　址：http://www.zsup.com.cn　　E-mail:zdcbs@mail.sysu.edu.cn
印 刷 者：广州方迪数字印刷有限公司
规　　格：787mm×1092mm　1/16　9.25 印张　162 千字
版次印次：2024 年 10 月第 1 版　2024 年 10 月第 1 次印刷
定　　价：45.00 元

编　委　会

目　录

第一章　新时代科学家精神

第一节　新时代科学家精神

科学是人类探索自然和自我变革的伟大事业，科学家是科学知识和科学精神的重要承载者。我国科学家是充满理想和献身精神、具有优良传统的群体。长期以来，一代又一代科技工作者以国家富强、民族振兴、人民幸福为己任，铸就了一座座光照千秋的精神丰碑，涌现出一位位光辉典范，成为伟大民族精神的传承者、践行者和塑造者。进入新时代，踏上强国富民新征程，实现科技自立自强新使命，更需要广大科技工作者发扬以爱国、创新、求实、奉献、协同、育人为核心的科学家精神，接力精神火炬，奋进新的长征，以更加昂扬的精神状态和奋斗姿态，投身建设世界科技强国。[1]

一、我国科学家精神的历史渊源

（一）古代中国科学家的务实创新

中国是历史悠久的文明古国，勤劳智慧的各族儿女在创造性生产劳动和社会生活中，谱写了中国古代科技发展的光辉篇章。从远古时期的工具制作、夏商周时期的科技探索，乃至历朝历代在农业、工业、建筑、医学、水利、天文、算学、历法、化学等各领域所取得的成就，照耀着中华文明之路，成为世界科学文化遗产的重要组成部分。

东汉末年医学家张仲景所著《伤寒杂病论》，确立了祖国医学“辨证论治”的规律，奠定了中医治疗学的基础，是中国最早的一部具备药理方法的经典著作。隋唐医药学家孙思邈一生致力于医药研究工作，著有《千金方》，创立脏病、腑病分类系统，对后世脏腑辨证影响深远。明代医药学家李时珍重视人在医学活动中的主观能动性，以朴素的唯物主义中医哲学思想为指导，将药物与临床实践紧密结合，完成了我国本草学的大综合著作——《本草纲目》。从种种记载中不难发现，中国古代科学家所体现出来的务实精神、创新精神、至善精神、责实精神以及求新精神，是当代中国科学家文化自信的根源所在，为当代中国科学家精神奠定了厚重的历史基础[2]。

（二）近代中国科学家的家国情怀

明嘉靖年间，欧洲的耶稣会向中国派遣传教士，在中国学者与文人的帮助之下，翻译、撰写了许多种有关天文、历算、地理学、物理学及语言学的著作，开启了中国科学史上“西学东渐”的历程。然而，直至19世纪中叶，国内仍未形成较为系统的科学体系。鸦片战争导致中国沦为半殖民地半封建社会，也让清朝政府意识到科学技术的重要性。清代启蒙思想家、政治家、文学家魏源（1794—1857）在《海国图志》中提出“师夷长技以制夷”，主张学习西方先进的军事和科学技术，以期富国强兵，抵御外侮，振奋国威，开创了中国近代向西方学习的新风尚，成了近代中国向西方学习进程中的思想先导和近代中国社会变革的先声，为后来的洋务运动、维新变法奠定了一定的思想理论基础[3,4]。

在这样的社会背景下，西方工业体系和近代科学知识体系开始在中国大地生根，民族和国家的命运寄托在科学技术的发展上。因此，近代中国的科学技术从起步之初就充满着强烈的家国情怀，中国科学家更是肩负着国家富强和民族复兴的历史使命[5]。

（三）救亡图存的留学热潮

自1840年鸦片战争后，我国屡遭外国列强的侵略和欺凌，陷入苦难和屈辱的深渊，给中国人民带来前所未有的灾难。早在与外国侵略者的交涉中，当时的洋务派就意识到外敌列强船坚炮利、技术精良，于是主张用西方先进的科学技术维护清朝的统治，开始创办新式学校，选派留学生出国深造，培养了一批翻译、军事和科技人才。1877年，第一批有组织派遣的留英留法学生顺利成行。1894年，甲午战争失败后，清政府试图通过向日本派遣学生造就通才以挽回颓势。据统计，1896年派出第一批留日学生13人，1901年增至280人，到1906年已增至8000人。留日学生对国家前途充满了忧患与自强意识，他们将爱国精神作为行动指南，学习之余，通过翻译书籍、出版期刊，向国人介绍新思想、新文化。

1909 年，清政府将美国退还的部分庚子赔款作为资助留学生赴美的经费后，国内掀起了一股赴美留学的热潮。1910 年，留美学生已有 500 多人，到辛亥革命前增至 650 人。这次留学热潮以学习自然科学为主，涌现了包括侯德榜、竺可桢、茅以升在内的一大批中国近现代闻名中外的学者和科学家。留美学生在康奈尔大学成立了中国科学社，通过组织学术会议促进学术交流，并且资助研究机构和创办杂志，担起了中国最早的科学共同体的责任。“科学救国”是中国科学社的创办者和早期主要社员的共同目标，他们从思想和实践上推动了中国科学技术事业。[6]

五四运动前后，受当时世界形势的影响，吴稚晖、李石曾和蔡元培等人倡导“试验节俭之生活”的留学方式，使留欧学界兴起一股“俭学风”[7]。于是中国近代史上赴法勤工俭学的浪潮涌起。1919—1920 年，留法学生从不足 200 人增至近 1600 人。这次留学热潮把教育与生产劳动相结合，涌现了周恩来、蔡和森、邓小平等一大批信仰马克思主义的新型知识分子，为中国革命和中国共产党培养了一批优秀骨干，也造就了各领域的专家学者[8]。

历经三次留学热潮，中国第一批科学家群体初见雏形，他们的共同特点是有留学经历，秉持家国情怀，胸怀国家富强、民族复兴的使命。虽然当时国内的科研条件相较国外尚有不足，回国后的待遇也不及国外，但他们大多选择回国，用毕生所学为祖国贡献力量，表现出强烈的爱国和奉献精神。同时期，中国科学社和中华学艺社等组织从国外迁回中国，致力于推动中国的学科建制。中国第一批自然科学学会在此期间成立，如中华医学会（1915 年）、中国农学会（1917 年）、中国林学会（1917 年）、中国解剖和人类学会（1920 年）、中国心理学会（1921 年）、中国生物科学会（1924 年）、中国气象学会（1924 年）等[9]。

（四）艰苦条件下的奋力前行

由于国内研究基础薄弱，在当时的社会背景下，我国第一代科学家群体主要承担了教育科普而非科学研究的职责。也正因如此，我国自然科学人才培养的本土化和自然科学教育的制度化建设得以推进。

抗日战争期间，面对国内艰难的环境，中国科学家各显身手，有的科学家将自己的研究调整为战时所需的领域，如周培源为了直接参与抗战，主动将研究方向改为流体力学中最为艰涩的湍流；有的科学家直接参与工厂建设，为生产战争所需物资的做出贡献，如王守竞被委派负责重工业的发展，创办了中央机器厂，负责生产军事装备；还有一部分科学家随着科研机构和高校迁徙到云南、贵州、四川等地，如赵忠尧、吴有训、周培源、吴大猷、叶企孙、华罗庚等科技工作者，他们在敌后坚持科研，保持科研实力，并培养了一批年轻的科技人才，包括杨振宁、李政道、谷超豪、黄昆等后来为中国科技事业发挥重要作用的一大批科学家[10]。

抗日战争结束后，赴美留学浪潮再次兴起。1949 年，留美中国科学工作者协会在匹兹堡成立，并通过了宣言《我们的信念和行动》，号召留美中国科学工作者肩负起责任，努力加强学习，提早回国参与建设。这一宣言道出了大批留美学者的心声，葛庭燧、华罗庚、丁儆、侯祥麟等大量学者纷纷回国，积极参与到国家的建设事业中[11]。

中华人民共和国成立初期，全国科技工作者不足 5 万人，专门从事科学研究的工作人员不足 500 人。1956 年，为了系统地引导科学研究为国家建设服务，中央政府制定了第一个中长期科技发展规划——《1956—1967 年科学技术发展远景规划》。在这个规划的指导下，科技工作者投身国家重大任务，全力以赴进行研究。众多科学家积极响应中央提出的“两弹一星”相关研究任务，匿名参与科研任务攻关，钱学森、郭永怀、邓稼先、于敏、朱光亚、程开甲、周光召等一批为国家舍身奉献的科学家，坚决完成了党和国家赋予的使命任务。从 1964 年起，大批科技工作者响应以加强国防为中心的战略大后方建设，迁移到内地省份，参与国防、科技、工业、电力和交通基础设施的大规模建设，以备战备荒。在此期间，中国科技工作者不仅展现了对祖国建设的饱满热情，也表现出了协同合作和无私奉献的科学家精神[12]。

然而，随后的“文化大革命”对中国的科技、文化和教育事业造成了巨大的冲击。尽管处于极端困难的条件下，中国科学家们仍秉承求真务实、报国为民的理想信念，科学技术也因此取得若干重要成就。以郭永怀、邓稼先为代表的许多科学家为国防科技做出了重要贡献，包括成功地进行了导弹核武器发射试验，发射了第一颗人造地球卫星，爆炸了第一颗氢弹[13]。屠呦呦等一批医药专家深入一线，齐心协作成功研制出了青蒿素防疟药物，挽救了无数人的生命。作物育种学家袁隆平、李振声等人则全身心投入试验田中，为粮食生产做出重大贡献。他们的努力为保障人民的生命健康和解决温饱问题发挥了重要作用[14]。

（五）改革开放带来的科技春天

1978 年 3 月，全国科学大会在北京人民大会堂隆重开幕。邓小平发表重要讲话，他强调“科学技术是生产力”，这一号召对中国的科技工作者起到了巨大的鼓舞作用[15]。同年 12 月，在中国历史上具有重大意义的中国共产党第十一届三中全会胜利召开，标志着中国进入了改革开放的新时期，也真正迎来了科学发展的春天[16]。中国科学家们在积极培育人才的同时，充分发挥决策咨询的作用，为推动建立中国的科技奖励制度、中国科学院院士制度，建设中国工程院，制订国家星火计划、“863”计划、“973”计划等发挥了重要作用。

（六）新时代科学家的全新面貌

进入 21 世纪，中国人才队伍不断壮大，科技重大成果不断涌现，并在国际舞台上发挥着越来越重要的作用。年轻一代科学家跟随老一辈科学家们的脚步，以原创性、引领性的科研成果为我国科技自立自强贡献力量，不仅在探月、空间站、卫星导航、量子通信、深潜等领域取得了卓越的成就，展现出中国的科技实力，同时积极推进了我国全球科技的交流合作。中国科技的整体水平从以前的“跟跑”，逐步实现了“并跑”，并在某些领域实现了“领跑”。创新和引领世界科技发展已经成为新时代对中国科学家的新要求[3,14]。

纵观中国科学家群体形成与演进的历史，中国科学家精神的内涵已显而易见，即爱国和奉献是中国科学家最鲜明的特征，贯穿于中国科技事业的始终；创新是新时代中国科学家不断追求的目标；求实是中国科学家的基本素养；协同是中国科学家集智攻关的重要因素；育人是中国科学家延续发展和科技事业持续突破的“铺路石”。

二、科学家精神的内涵

2019 年 6 月，中共中央办公厅、国务院办公厅印发了《关于进一步弘扬科学家精神加强作风和学风建设的意见》（中办发〔2019〕35 号），明确了新时代科学家精神的内涵，即胸怀祖国、服务人民的爱国精神，勇攀高峰、敢为人先的创新精神，追求真理、严谨治学的求实精神，淡泊名利、潜心研究的奉献精神，集智攻关、团结协作的协同精神，甘为人梯、奖掖后学的育人精神[17]，这是国家首次在中央文件中对“科学家精神”进行明确的阐述。2020 年 9 月，习近平总书记在科学家座谈会上指出广大科技工作者要肩负起历史赋予的科技创新重任，强调了科学家精神中的爱国精神和创新精神，“科学无国界，科学家有祖国”[18]。2021 年 5 月，习近平总书记在两院院士大会、中国科协十大会议上强调，“在中华民族伟大复兴的征程上，一代又一代科学家心系祖国和人民，不畏艰难，无私奉献，为科学技术进步、人民生活改善、中华民族发展作出了重大贡献。新时代更需要继承发扬以国家民族命运为己任的爱国主义精神，更需要继续发扬以爱国主义为底色的科学家精神”[19]，进一步强调了爱国主义是中国科学家的坚定信念和精神依靠。

爱国、创新、求实、奉献、协同、育人既是新时代中国科学家的精神内涵，也是中国近现代科技发展史中科学家群体精神气质的高度凝练。爱国精神是首要的，创新精神是科学研究最鲜明的禀赋，求实精神是科技发展进步的原动力，奉献精神成就科学家高尚人格风范，协同精神是经济全球化时代之必需，育人精神则关乎科技事业长远发展。

（一）爱国精神

爱国，是人世间最深层、最持久的情感，是一个人的立德之源、立功之本[20]。爱国精神是指人民对祖国深厚的价值情感，反映了个人对祖国强烈的认同感和归属感，也是对国家的尊严感、使命感的统一。爱国主义是中华民族精神的核心，是中华民族团结奋斗、自强不息的精神纽带[20]。科学家的爱国主义精神是指科学家在科学领域以科学为国、科学为民为价值导向，体现强烈的责任感和使命担当。自诞生以来，中国的现代科学家群体一直秉持着为国为民的情怀和精神气质，这是中国科学家群体从事科学研究延绵不绝的“初心”。他们将个人在科学道路上的奋斗目标与国家发展和民族强盛紧密联系在一起，从“科学救国”到“科学报国”，再到“科学强国”，科学家爱国主义精神伴随现代科技在我国从萌芽到发展再到取得举世瞩目的全过程[5,21]。

（二）创新精神

创新精神是科学的生命，是一个民族进步的灵魂，是国家兴旺发达的不竭动力。在经济全球化的时代，科技创新的领先地位决定了谁能够主导科技进步。科技创新能力是国家硬实力的重要表现，已经日益成为决定国家综合国力竞争成败的关键因素。习近平总书记指出："广大科技工作者要树立敢于创造的雄心壮志，敢于提出新理论、开辟新领域、探索新路径，在独创独有上下功夫。"当前，美国等西方国家将技术优势武器化以遏制我国经济社会发展的命脉。因此，在关乎国运的全球科技激烈竞争中，中国科学家应承担起时代的重任，布局长远，抢占制高点，在各自的职位上奋发进取，在独创独有上多下功夫，努力实现更多"从无到有"的突破[22-24]。

（三）求实精神

科学研究，特别是原始研究，需要长期专注投入，是不断观察、思考、假设、实验、求证和归纳的复杂过程。在这个过程中，坚持实事求是是非常重要的。毛泽东在《实践论》中说："知识的问题是一个科学的问题，来不得半点的虚伪和骄傲，决定地需要的倒是其反面——诚实和谦逊的态度。"实践证明，从事科学研究必须以严谨、诚实和谦逊的态度为基础。这是体现科学精神和科学态度的重要方面。古往今来，有成就的科学家都追求真理，严谨治学，勤勉务实。他们一生都在努力学习，勇于探索新理论和新知识，坚持不懈，永不满足。他们掌握广博的科技知识，并认真细致地传授给他人，激励他人前进[25]。

（四）奉献精神

淡泊明志，宁静致远。科学是一项需要长期坚持的事业，只有专心致志，愿意经历长时间的辛勤努力和付出，甘于奉献，才能取得一流的科研成果。自中华人民共和国成立以来，我国许多优秀的科学家不畏艰辛、不慕虚荣、淡泊名利、潜心研究，舍身探索科学事业，为国家民族鞠躬尽瘁，为造福人类无私奉献，犹如一座座丰碑，令人敬仰。"两弹"元勋邓稼先以国家民族命运为己任，投身中国核武器事业，一生鞠躬尽瘁；"中国核潜艇之父"黄旭华为研制核潜艇隐姓埋名 30 年，舍小家为大家；时代楷模黄大年"加入献身者的滚滚洪流中"，用生命开拓中国的地球深部探测事业[26]……当前，面临激烈的国际竞争，我们更加需要秉持国家利益和人民利益至上的原则，继承和发扬老一辈科学家胸怀祖国、服务人民的优秀品质，主动肩负起历史重任，发挥潜心研究的奉献精神，把自己的科学追求融入建设社会主义现代化国家的伟大事业中去。不论是从事基础研究，还是专攻解决实际问题的应用研究，都需要科学家们淡泊名利、潜心研究，甘坐冷板凳，勇做新时代科技创新的“排头兵”。

（五）协同精神

在现代科技发展日新月异、全球科技高度融合的大背景下，集智攻关、团结协作已成为大科学时代的必然趋势。单丝不成线，独木不成林。自古以来，协同合作一直是我国科学界的优良传统。中华人民共和国成立以来的科技发展历史就是一部集智攻关、团结协作的历史。正因为科学家们众志成城、万众一心、团结互助、和衷共济，我们才创造出一个又一个科技奇迹。26 个部门及 900 多家工厂、科研机构和大专院校的通力合作，凝聚无数科技工作者的智慧与心血，完成了我国第一颗原子弹试验；2020 年我国成功研发出新型冠状病毒疫苗，走在世界前列，从毒株分离、设计、评价到无数次试验的每一个环节，都离不开科研人员的紧密配合。近年来，若不是科研团队联合攻关、群策群力的智慧，我国就无法取得载人航天、探月工程、“中国天眼”、载人深潜等众多工程的突破性成就。协同还应跨界协作，坚持全球视野，加强国际合作，为推动科技进步、构建人类命运共同体贡献中国智慧。在嫦娥五号任务中，我国与阿根廷等国家和国际组织在测控等领域开展了多项协同合作；在中国空间站任务中，涵盖17 个国家、23 个实体的 9 个项目入选首批科学实验项目[26,27]。面对全球新一轮科技革命和产业变革，我国更应顺势而为，秉持互利共赢理念，更加主动地融入全球创新网络，在开放合作中提升自身科技创新能力。

（六）育人精神

青年是国家的希望，民族的未来。甘为人梯、奖掖后学的育人精神强调科技工作者应该成为年轻一代的引路人和启示者，为推动我国的科技创新事业储备人才。科学家进行教育工作不仅对他们自身的提高和个人的成功是必须的，也是培养科技创新人才、推动创新事业延续发展所必要的。科技攻关并非一朝一夕的任务，它需要一代又一代的科技工作者接续努力，只有这样，中国的科技创新事业才能稳步发展。因此，做好教育工作是科技工作者的重要任务，也是衡量科技工作者是否具备长远眼光和全局意识的重要指标之一。

三、践行和弘扬新时代科学家精神

习近平总书记多次指出，“科学家精神是科技工作者在长期科学实践中积累的宝贵精神财富”“新时代更需要继承发扬以国家民族命运为己任的爱国主义精神，更需要继续发扬以爱国主义为底色的科学家精神”。在建党百年之际，科学家精神进入中国共产党人的精神谱系，体现了以习近平同志为核心的党中央对科技工作者的亲切关怀和充分信任，同时为新时代人才工作指明了方向。

激发家国情怀，传承红色基因，砥砺奋斗之志。爱国是科学家精神第一要义，也是对新时代人才的首要要求。无论是钱学森、钱三强、李四光、邓稼先等老一辈科学家，还是陈景润、南仁东、黄大年等中国崛起后的杰出科学家，都是爱国科学家的时代楷模。个人的梦想只有与国家的命运紧密相连，才能发挥出无穷的力量，激起无尽的动力。时刻以祖国和人民所需为己任，将爱国济民的信念和情怀融入行动，必将激励每一个奋斗者以进取超越的精神和坚韧不拔的意志战胜各种困难和阻力，自觉将人生理想融入实现中华民族伟大复兴中国梦的奋斗中。

坚定创新自信，勇担科技自立自强重任。“惟创新者进，惟创新者强，惟创新者胜。”创新是引领发展的第一动力，是推动高质量发展的战略支撑。习近平总书记多次强调，构建新发展格局最本质的特征是实现高水平的自立自强，高水平自立自强必须更强调自主创新。创新自信是引领时代变革的推动力量，创新精神已经成为新时代科学家的主旋律。广大科技工作者要坚持从世界看中国，紧跟科技发展大势，不断向科学技术的广度和深度进军，树立和保持永不止步的进取意识和开拓精神。“胸有凌云志，敢为天下先”，要有勇于探索、突破进取的自信，敢于逆势而上，拥有强大的自主创新能力，在“四个面向”中创新创造，在激烈的国际竞争中赢得主动。

坚持求真务实，坚守科学研究的底线。实事求是的科学态度是科学家的精神基础，也是新时代科学家精神的本质特征。科学家精神就是要牢牢坚持实事求是，树立有信仰、有敬畏的科研诚信，不为浮躁所动，不为名利所累，真正尊重事实，深刻把握科技的社会功能发展规律，前瞻研判科技发展带来的规则冲突、社会风险和伦理挑战，探索自然、人生和社会之道，推动人类文明的发展。

弘扬奉献精神，以实际行动传承人间大爱。科技创新，需要“板凳一坐十年冷”的毅力、“为伊消得人憔悴”的境界、“不破楼兰终不还”的执着和“功成不必在我”的胸怀。中国首位获诺贝尔奖的科学家屠呦呦，自1968年以来历经190次失败和无数次坚持，最终得到对疟疾有着百分之百抑制作用的青蒿素结晶。只有拥有这种不求功名、相信功成必有我的胸怀境界和担当，才能够实现科技创新的一次次爬坡过坎，闪耀出科技文明的光辉。广大科技工作者就是要为民创新、为民创造，把“四个面向”作为牵引，将社会主义现代化国家建设的潜力转化为新的优势，以满足人民对美好生活的期望为创新目标，真正将优质的研究成果贡献给祖国。

以协同之力促进科技创新体系化效能全面提升。“积力之所举，则无不胜也；众智之所为，则无不成也。”我国坚持高铁自主研发工作，近30家一流科研机构、院校与近50家骨干企业组成产学研用创新联合体，推动高铁攀上了世界高速列车技术高峰。人工合成牛胰岛素、载人航天工程、深海潜水器等无不证明“单打独斗、闭门造车”早已不适应当今时代的发展需求。广大科技工作者要以更广阔的视野适应当代科技和产业的变革趋势，将推动学科广泛交叉和深度融合作为创新的重要途径，加强协同创新，善于集成创新，以开放、信任、合作的理念，形成集智攻关的整体合力，以高效协同推动国家创新体系效能的整体提升，在更高水平上实现科技的自立自强。

弘扬甘为人梯精神，做新时代人才培养的“开路人”。科技人才是国家创新力量的源泉，也是国家科技创新长远发展的希望所在。千里马常有，而伯乐不常有。为党育人、为国育才，以己为梯、提携后进，是科学大师载誉青史的宝贵品格。1956年，时任清华大学数学系主任的华罗庚收到厦门大学年轻图书管理员陈景润对他的著作提出改进意见的信件后，马上邀请陈景润在全国数学论文报告会上作学术报告。陈景润也因此来到北京，进入中国科学院数学研究所。10年后，陈景润完成了哥德巴赫猜想的证明，登上了数学的顶峰。正是一代代优秀科研人才的育人精神，帮助青年人才树立永不言弃的探索精神，才使我国科技界的良好学术风气和精神面貌得以传承。广大科技工作者要按照习近平总书记提出的“言传身教，发扬学术民主，甘做提携后学的铺路石和领路人”重要指示要求，使人才队伍持续壮大，确保科技事业持续展示出强劲的生机和活力[28]。

附件

关于进一步弘扬科学家精神加强作风和学风建设的意见

中办发〔2019〕35 号

为激励和引导广大科技工作者追求真理、勇攀高峰，树立科技界广泛认可、共同遵循的价值理念，加快培育促进科技事业健康发展的强大精神动力，在全社会营造尊重科学、尊重人才的良好氛围，现提出如下意见。

一、总体要求

（一）指导思想。以习近平新时代中国特色社会主义思想为指导，全面贯彻党的十九大和十九届二中、三中全会精神，以塑形铸魂科学家精神为抓手，切实加强作风和学风建设，积极营造良好科研生态和舆论氛围，引导广大科技工作者紧密团结在以习近平同志为核心的党中央周围，增强“四个意识”，坚定“四个自信”，做到“两个维护”，在践行社会主义核心价值观中走在前列，争做重大科研成果的创造者、建设科技强国的奉献者、崇高思想品格的践行者、良好社会风尚的引领者，为实现“两个一百年”奋斗目标、实现中华民族伟大复兴的中国梦作出更大贡献。

（二）基本原则。坚持党的领导，提高政治站位，强化政治引领，把党的领导贯穿到科技工作全过程，筑牢科技界共同思想基础。坚持价值引领，把握主基调，唱响主旋律，弘扬家国情怀、担当作风、奉献精神，发挥示范带动作用。坚持改革创新，大胆突破不符合科技创新规律和人才成长规律的制度藩篱，营造良好学术生态，激发全社会创新创造活力。坚持久久为功，汇聚党政部门、群团组织、高校院所、企业和媒体等各方力量，推动作风和学风建设常态化、制度化，为科技工作者潜心科研、拼搏创新提供良好政策保障和舆论环境。

（三）主要目标。力争 1 年内转变作风改进学风的各项治理措施得到全面实施，3 年内取得作风学风实质性改观，科技创新生态不断优化，学术道德建设得到显著加强，新时代科学家精神得到大力弘扬，在全社会形成尊重知识、崇尚创新、尊重人才、热爱科学、献身科学的浓厚氛围，为建设世界科技强国汇聚磅礴力量。

二、自觉践行、大力弘扬新时代科学家精神

（四）大力弘扬胸怀祖国、服务人民的爱国精神。继承和发扬老一代科学家艰苦奋斗、科学报国的优秀品质，弘扬“两弹一星”精神，坚持国家利益和人民利益至上，以支撑服务社会主义现代化强国建设为己任，着力攻克事关国家安全、经济发展、生态保护、民生改善的基础前沿难题和核心关键技术。

（五）大力弘扬勇攀高峰、敢为人先的创新精神。坚定敢为天下先的自信和勇气，面向世界科技前沿，面向国民经济主战场，面向国家重大战略需求，抢占科技竞争和未来发展制高点。敢于提出新理论、开辟新领域、探寻新路径，不畏挫折、敢于试错，在独创独有上下功夫，在解决受制于人的重大瓶颈问题上强化担当作为。

（六）大力弘扬追求真理、严谨治学的求实精神。把热爱科学、探求真理作为毕生追求，始终保持对科学的好奇心。坚持解放思想、独立思辨、理性质疑，大胆假设、认真求证，不迷信学术权威。坚持立德为先、诚信为本，在践行社会主义核心价值观、引领社会良好风尚中率先垂范。

（七）大力弘扬淡泊名利、潜心研究的奉献精神。静心笃志、心无旁骛、力戒浮躁，甘坐“冷板凳”，肯下“数十年磨一剑”的苦功夫。反对盲目追逐热点，不随意变换研究方向，坚决摒弃拜金主义。从事基础研究，要瞄准世界一流，敢于在世界舞台上与同行对话；从事应用研究，要突出解决实际问题，力争实现关键核心技术自主可控。

（八）大力弘扬集智攻关、团结协作的协同精神。强化跨界融合思维，倡导团队精神，建立协同攻关、跨界协作机制。坚持全球视野，加强国际合作，秉持互利共赢理念，为推动科技进步、构建人类命运共同体贡献中国智慧。

（九）大力弘扬甘为人梯、奖掖后学的育人精神。坚决破除论资排辈的陈旧观念，打破各种利益纽带和裙带关系，善于发现培养青年科技人才，敢于放手、支持其在重大科研任务中“挑大梁”，甘做致力提携后学的“铺路石”和领路人。

三、加强作风和学风建设，营造风清气正的科研环境

（十）崇尚学术民主。鼓励不同学术观点交流碰撞，倡导严肃认真的

学术讨论和评论，排除地位影响和利益干扰。开展学术批评要开诚布公，多提建设性意见，反对人身攻击。尊重他人学术话语权，反对门户偏见和“学阀”作风，不得利用行政职务或学术地位压制不同学术观点。鼓励年轻人大胆提出自己的学术观点，积极与学术权威交流对话。

（十一）坚守诚信底线。科研诚信是科技工作者的生命。高等学校、科研机构和企业等要把教育引导和制度约束结合起来，主动发现、严肃查处违背科研诚信要求的行为，并视情节追回责任人所获利益，按程序记入科研诚信严重失信行为数据库，实行“零容忍”，在晋升使用、表彰奖励、参与项目等方面“一票否决”。科研项目承担者要树立“红线”意识，严格履行科研合同义务，严禁违规将科研任务转包、分包他人，严禁随意降低目标任务和约定要求，严禁以项目实施周期外或不相关成果充抵交差。严守科研伦理规范，守住学术道德底线，按照对科研成果的创造性贡献大小据实署名和排序，反对无实质学术贡献者“挂名”，导师、科研项目负责人不得在成果署名、知识产权归属等方面侵占学生、团队成员的合法权益。对已发布的研究成果中确实存在错误和失误的，责任方要以适当方式予以公开和承认。不参加自己不熟悉领域的咨询评审活动，不在情况不掌握、内容不了解的意见建议上署名签字。压紧压实监督管理责任，有关主管部门和高等学校、科研机构、企业等单位要建立健全科研诚信审核、科研伦理审查等有关制度和信息公开、举报投诉、通报曝光等工作机制。对违反项目申报实施、经费使用、评审评价等规定，违背科研诚信、科研伦理要求的，要敢于揭短亮丑，不迁就、不包庇，严肃查处、公开曝光。

（十二）反对浮夸浮躁、投机取巧。深入科研一线，掌握一手资料，不人为夸大研究基础和学术价值，未经科学验证的现象和观点，不得向公众传播。论文等科研成果发表后1个月内，要将所涉及的实验记录、实验数据等原始数据资料交所在单位统一管理、留存备查。参与国家科技计划（专项、基金等）项目的科研人员要保证有足够时间投入研究工作，承担国家关键领域核心技术攻关任务的团队负责人要全时全职投入攻关任务。科研人员同期主持和主要参与的国家科技计划（专项、基金等）项目（课题）数原则上不得超过2项，高等学校、科研机构领导人员和企业负责人作为项目（课题）负责人同期主持的不得超过1项。每名未退休院士受聘的院士工作站不超过1个、退休院士不超过3个，院士在每个工作站全职工作时间每年不少于 3 个月。国家人才计划入选者、重大科研项目负责人在聘期内或项目执行期内擅自变更工作单位，造成重大损失、恶劣影响的要按规定承担相应责任。兼职要与本人研究专业相关，杜绝无实质性工作内容的各种兼职和挂名。高等学校、科研机构和企业要加强对本单位科研人员的学术管理，对短期内发表多篇论文、取得多项专利等成果的，要开展实证核验，加强核实核查。科研人员公布突破性科技成果和重大科研进展应当经所在单位同意，推广转化科技成果不得故意夸大技术价值和经济社会效益，不得隐瞒技术风险，要经得起同行评、用户用、市场认。

（十三）反对科研领域“圈子”文化。要以“功成不必在我”的胸襟，打破相互封锁、彼此封闭的门户倾向，防止和反对科研领域的“圈子”文化，破除各种利益纽带和人身依附关系。抵制各种人情评审，在科技项目、奖励、人才计划和院士增选等各种评审活动中不得“打招呼”“走关系”，不得投感情票、单位票、利益票，一经发现这类行为，立即取消参评、评审等资格。院士等高层次专家要带头打破壁垒，树立跨界融合思维，在科研实践中多做传帮带，善于发现、培养青年科研人员，在引领社会风气上发挥表率作用。要身体力行、言传身教，积极履行社会责任，主动走近大中小学生，传播爱国奉献的价值理念，开展科普活动，引领更多青少年投身科技事业。

四、加快转变政府职能，构建良好科研生态

（十四）深化科技管理体制机制改革。政府部门要抓战略、抓规划、抓政策、抓服务，树立宏观思维，倡导专业精神，减少对科研活动的微观管理和直接干预，切实把工作重点转到制定政策、创造环境、为科研人员和企业提供优质高效服务上。坚持刀刃向内，深化科研领域政府职能转变和“放管服”改革，建立信任为前提、诚信为底线的科研管理机制，赋予科技领军人才更大的技术路线决策权、经费支配权、资源调动权。优化项目形成和资源配置方式，根据不同科学研究活动的特点建立稳定支持、竞争申报、定向委托等资源配置方式，合理控制项目数量和规模，避免“打包”、“拼盘”、任务发散等问题。建立健全重大科研项目科学决策、民主决策机制，确定重大创新方向要围绕国家战略和重大需求，广泛征求科技界、产业界等意见。对涉及国家安全、重大公共利益或社会公众切身利益的，应充分开展前期论证评估。建立完善分层分级责任担当机制，政府部门要敢于为科研人员的探索失败担当责任。

（十五）正确发挥评价引导作用。改革科技项目申请制度，优化科研项目评审管理机制，让最合适的单位和人员承担科研任务。实行科研机构中长期绩效评价制度，加大对优秀科技工作者和创新团队稳定支持力度，反对盲目追求机构和学科排名。大幅减少评比、评审、评奖，破除唯论文、唯职称、唯学历、唯奖项倾向，不得简单以头衔高低、项目多少、奖励层次等作为前置条件和评价依据，不得以单位名义包装申报项目、奖励、人才“帽子”等。优化整合人才计划，避免相同层次的人才计划对同一人员的重复支持，防止“帽子”满天飞。支持中西部地区稳定人才队伍，发达地区不得片面通过高薪酬高待遇竞价抢挖人才，特别是从中西部地区、东北地区挖人才。

（十六）大力减轻科研人员负担。加快国家科技管理信息系统建设，实现在线申报、信息共享。大力解决表格多、报销繁、牌子乱、“帽子”重复、检查频繁等突出问题。原则上 1 个年度内对 1 个项目的现场检查不超过 1 次。项目管理专业机构要强化合同管理，按照材料只报 1 次的要求，严格控制报送材料数量、种类、频次，对照合同从实从严开展项目成果考核验收。专业机构和项目专员严禁向评审专家施加倾向性影响，坚决抵制各种形式的“围猎”。高等学校、科研机构和企业等创新主体要切实履行法人主体责任，改进内部科研管理，减少繁文缛节，不层层加码。高等学校、科研机构领导人员和企业负责人在履行勤勉尽责义务、没有牟取非法利益前提下，免除追究其技术创新决策失误责任，对已履行勤勉尽责义务但因技术路线选择失误等导致难以完成预定目标的项目单位和科研人员予以减责或免责。

五、加强宣传，营造尊重人才、尊崇创新的舆论氛围

（十七）大力宣传科学家精神。高度重视“人民科学家”等功勋荣誉表彰奖励获得者的精神宣传，大力表彰科技界的民族英雄和国家脊梁。推动科学家精神进校园、进课堂、进头脑。系统采集、妥善保存科学家学术成长资料，深入挖掘所蕴含的学术思想、人生积累和精神财富。建设科学家博物馆，探索在国家和地方博物馆中增加反映科技进步的相关展项，依托科技馆、国家重点实验室、重大科技工程纪念馆（遗迹）等设施建设一批科学家精神教育基地。

（十八）创新宣传方式。建立科技界与文艺界定期座谈交流、调研采风机制，引导支持文艺工作者运用影视剧、微视频、小说、诗歌、戏剧、漫画等多种艺术形式，讲好科技工作者科学报国故事。以“时代楷模”“最美科技工作者”“大国工匠”等宣传项目为抓手，积极选树、广泛宣传基层一线科技工作者和创新团队典型。支持有条件的高等学校和中学编排创作演出反映科学家精神的文艺作品，创新青少年思想政治教育手段。

（十九）加强宣传阵地建设。主流媒体要在黄金时段和版面设立专栏专题，打造科技精品栏目。加强科技宣传队伍建设，开展系统培训，切实提高相关从业人员的科学素养和业务能力。加强网络和新媒体宣传平台建设，创新宣传方式和手段，增强宣传效果、扩大传播范围。

六、保障措施

（二十）强化组织保障。各级党委和政府要切实加强对科技工作的领导，对科技工作者政治上关怀、工作上支持、生活上关心，把弘扬科学家精神、加强作风和学风建设作为践行社会主义核心价值观的重要工作摆上议事日程。各有关部门要转变职能，创新工作模式和方法，加强沟通、密切配合、齐抓共管，细化政策措施，推动落实落地，切实落实好党中央关于为基层减负的部署。科技类社会团体要制定完善本领域科研活动自律公约和职业道德准则，经常性开展职业道德和学风教育，发挥自律自净作用。各类新闻媒体要提高科学素养，宣传报道科研进展和科技成就要向相关机构和人员进行核实，听取专家意见，杜绝盲目夸大或者恶意贬低，反对“标题党”。对宣传报道不实、造成恶劣影响的，相关媒体、涉事单位及责任人员应及时澄清，有关部门应依规依法处理。

中央宣传部、科技部、中国科协、教育部、中国科学院、中国工程院等要会同有关方面分解工作任务，对落实情况加强跟踪督办和总结评估，确保各项举措落到实处。军队可根据本意见，结合实际建立健全相应工作机制。

第二节 “破五唯”要义及相关政策

一、什么是“五唯”？

科技创新是实现中华民族伟大复兴、建设社会主义现代化强国的强大驱动力。高校是国家创新体系中的重要组成部分，在服务国家创新驱动发展战略和提升国家科技创新竞争力方面发挥着不可忽视的重要作用。然而，随着创新型国家建设的高速推进，高校的创新活力和创新策源能力亟须进一步提升，以满足国家发展的迫切需求和适应时代变革。可是，当前高校的学术评价体系存在一些偏颇，阻碍了这一进程，特别是“五唯”现象，即唯论文、唯帽子、唯职称、唯学历、唯奖项，成为阻碍高校科技创新和内涵式发展的突出问题。

“五唯”是对我国当前高校学术评价弊端的概括性表述，它们具有共同的性质和内在的逻辑关联。具体来说，“五唯”相互支撑、相互依存。其中，唯职称以唯论文为必要条件，唯奖项以唯论文和唯帽子为主要支撑，唯帽子以唯论文、唯职称、唯学历、唯奖项为重要支持性条件，唯帽子也可以成为唯论文、唯职称、唯学历、唯奖项的重要社会资源等。

二、为什么要“破五唯”？

“五唯”现象最根本的问题是科研的形式与内容严重不符，其实质上是创新的质量出现了问题，同时也引发了许多的社会弊端。

（一）造成资源分配不公

在“五唯”中“表现出色”的科研工作者，一般能支配更多重要资源。部分高校及科研机构更愿意将科研经费、平台资源投给有“帽子”的人才，而较少地分配给青年科技工作者。因此，青年科技工作者在科研经费和晋升发展等压力下，渴望尽快得到“帽子”，获取更多科研资源。“五唯”会使青年科技工作者的资源分配逐渐单一僵化。

（二）导致研究者阶层固化

在某种程度上，“五唯”评价忽略了青年科技工作者对国家的实际贡献。这类评价局限于科学研究的“小圈子”，使已经在“五唯”评价体系中小有成就的人越发“茁壮”。对于刚刚起步的高校青年教师而言，很难从中脱颖而出。这样容易导致科技工作者身份层级相对固化，青年发展活力受到抑制，创新活力和动力进一步削弱。

（三）诱发科学研究功利化

“五唯”的本质是将科研成果量化为评价指标，要求在聘期内完成特定的科研任务，追求科学研究“短平快”，而对于一些需要长期投入并深入钻研的基础研究，部分科技工作者迫于考核压力，不愿深究。“润物细无声”的育人工作由于见效慢、衡量难也无法成为核心考核指标。有人为快速出成果、出利于自己的研究成果，甚至不惜违背学术道德，投机取巧，由此引发许多学术不端的案件。可以说，“五唯”是一种违背了学术和育人客观发展规律的评价管理行为。

三、“破五唯”的政策演进

科技评价体系改革是高校科技创新和人才队伍建设过程中的重点和难点，这不仅是高校治理体系和治理能力现代化的重要内容，也是高校实现内涵式发展的重要推动力。从治理角度来看，高校教师的引进、流动、评聘和职称晋升是其必须经历的重要环节，而这需要科学合理的学术评价体系来提供基础和依据。从发展角度来看，高校作为创新主体，需要最大限度地激发教师的创新活力，提升他们的创新创造能力，而这需要多元高效的学术评价指标来发挥关键作用。

党的十八大以来，我国深入实施新时代人才强国战略，深化人才发展体制机制改革，相继出台了一系列重要政策文件和重大改革举措。

2016年3月，中共中央印发《关于深化人才发展体制机制改革的意见》（中发〔2016〕9号），强调要着力构建科学规范、开放包容、运行高效的人才发展治理体系，形成具有国际竞争力的人才制度优势。其关键目标是通过深化改革，使人才管理体制更加科学高效，人才评价、流动、激励机制更加完善，全社会识才、爱才、敬才、用才氛围更加浓厚[29]。这份文件重点关注创新人才评价激励机制这个核心环节，强调应该突出品德、能力和业绩评价，综合考虑人才的德行和能力，注重根据能力、实绩和贡献评价人才，并明确指出要“克服唯学历、唯职称、唯论文等倾向”。

2017年1月，中共中央办公厅、国务院办公厅印发《关于深化职称制度改革的意见》（中办发〔2016〕77号），以职业分类为基础，以科学评价为核心，以促进人才开发使用为目的，强调要最大限度释放和激发专业技术人才的创新、创造、创业活力，以品德、能力、业绩为导向，克服“唯学历、唯资历、唯论文”倾向，科学、客观、公正地评价专业技术人才，让他们有充足的时间和精力深耕专业领域，让有贡献的人才获得成就感[30]。

2018年7月和2019年6月，中共中央办公厅、国务院办公厅相继印发《关于深化项目评审、人才评价、机构评估改革的意见》（中办发〔2018〕37号）和《关于进一步弘扬科学家精神加强作风和学风建设的意见》（中办发〔2019〕35号），对项目、人才、机构的评价改革提出了要求，强调要克服过分追求论文数量、职称等级和学历背景的倾向，在前述“唯论文、唯职称、唯学历”的基础上新增“唯奖项”[31]。为贯彻落实中央精神，相关政府部门也进行了大规模的集中清理工作。

2018年10月，科技部等五部门联合发布了《科技部　教育部　人力资源社会保障部　中科院　工程院关于开展清理“唯论文、唯职称、唯学历、唯奖项”专项行动的通知》（国科发政〔2018〕210号），集中清理“四唯”问题[32]。

2018年11月，教育部发布《教育部办公厅关于开展清理“唯论文、唯帽子、唯职称、唯学历、唯奖项”专项行动的通知》（教技厅函〔2018〕110号），在前述“四唯”的基础上新增“唯帽子”清理[33]。

四、如何破“五唯”？

破“五唯”并不等于不看论文、帽子、职称、学历、奖项，不能从一个极端走向另一个极端。破“五唯”并非单纯地将论文、帽子、职称、学历、奖项从评价指标、方案文件中剔除，而是针对制度和文化进行根本性改革。整体遵循政府、高校和社会组织的制度变革逻辑，构建一个“破”而有“立”的学术评价体系。通过政府和学术界的共同努力，在社会大环境与自我发展之间找到一种平衡。

（一）政府进一步简政放权、放管结合，优化学术评价制度

长期以来，科技评估工作由政府主导，其对相关利益和资源的分配具有重要影响，直接影响到高校和研究人员的生存和发展空间。然而，这个过程因受到行政权威的控制而可能会导致原本的评估价值扭曲。党的十八

大报告指出，要深化行政审批制度改革，继续简政放权，推动政府职能向创造良好发展环境、提供优质公共服务、维护社会公平正义转变。在这一导向的指引下，政府逐渐转变了原来在科技评估工作当中的角色，将重点在以下方面发挥自身的职能作用：①加强政府在科技政策管理和基础性制度建设中的作用。从具体的管理工作转变为规划引导、监督评估和环境优化。重点关注科技发展战略、规划和评价标准的制定和实施，充分发挥各方主体的内在动力和创新活力，推动科技管理向协同治理转变。②降低学术评价的频率，延长评估周期。适当减少人才项目和科研项目的数量，鼓励组建团队进行有组织的科研工作。③扭转过度依赖国际数据和期刊、国际期刊论文至上的局面。鼓励在国内高水平科技期刊上发表论文，让科研成果更多地在国内落地。④积极推动学术期刊改革，努力打造一批具有国际重要影响力的中国科技期刊。通过改善学术期刊的结构、目标和传播方式，构建一个符合学术发展规律且为学术研究服务的学术期刊体系，充分发挥高水平期刊作为学术公共平台的作用[34]。

（二）打造学术共同体，优化同行评审机制

学术共同体由一群具有相似的价值观念或兴趣目标的人组成，他们遵循特定的行为规范。这些人具有相似的文化生活和内在精神，以及特殊的专业技能。根据这样的定义，我们可以认为学术共同体的核心要素包括共同的主体、共同的领域、共同的规范和共同的管理。我国的高校需要努力加强学术共同体的建设，并真正实行同行评审。为了达到这个目标，可以采取以下措施：①建立一个有代表性成果的评审机制，以代表作的内容为核心，依靠同行专家的定性综合评价进行评估，同时辅以定量指标数据、多样性的案例和叙述材料等资料，以相互验证的方式对学术活动过程、学术成果和学术影响进行评估。②建立一个健全的学术共同体评审程序和规范，通过学术伦理准则和制度规范来约束同行专家的评审行为，制定回避原则和相关利益冲突规则，评审小组应由同行和高水平专家组成，确保评价过程的客观和公正，提高评价结果的公信力。③建立同行评审的溯源机制和信誉制度，完善对学术评价主体和评价结果的监督和评估，培养高素质的同行评审专家队伍[34,35]。

（三）提升高校的教育质量，推动学术生产模式向更高层次转变

自改革开放以来，我国高校通过实施“211 工程”和“985 工程”取得了重大突破，这一成就离不开我国“集中力量办大事”的制度优势和对高等教育持续高投入的支持。近年来，我国实施了创新驱动发展战略，强调科技进步对经济增长的重要推动作用。2015 年，《统筹推进世界一流大学和一流学科建设总体方案》公布，正式启动了“双一流”建设。为了实现建设具有中国特色的世界一流大学的目标，国家和地方政府不断增加对高等教育的投资。据教育部披露，2019 年度预算超过 100 亿元的高校有 8 所，总额已超过 1349 亿元，其中包括清华大学、北京大学、上海交通大学、浙江大学、复旦大学等知名高校。政府的强力投入模式能否长久保持尚未确定。但是，高校面临的形势是明朗的：国家希望高校提升创新能力，解决“瓶颈”问题；社会期待高校在国家高投入的基础上提供高品质的社会服务并为国家做出贡献；高校在国内外高等教育市场中的竞争也越来越激烈。因此，高校亟须推进知识生产模式转变，建立相应的学术评价体系，促进学术成果的转化，推动知识服务社会，摆脱“五唯”的困境。这样不仅能展示高校在经济社会发展中的贡献，还能把握高校学术评价制度的实施情况，促进高校与产业界的协同创新发展[36,37]。

（四）强化分类评价导向，健全适应学科特点的多元评价体系

在 2020 年的科学家座谈会上，习近平总书记提出：科技创新要坚持面向世界科技前沿、面向经济主战场、面向国家重大需求、面向人民生命健康。这为增强创新驱动引擎、加快实现科技自立自强进程、走好中国式现代化道路指明了方向。“四个面向”明确了科技创新全方位、多维度、多层次的要求和评价。评估学术绩效、质量和贡献围绕“四个面向”，强化分类和多元评价导向。①构建科学合理、多元化的学科评价体系。根据不同学科特性，相同或相近学科用统一的评估标准进行评价；为避免“一刀切”问题，需要构建具有学科特色的评价标准和指标体系。对于基础研究类学科，需要侧重评价其研究的前沿性、从无到有的突破性进展；对于工程应用研究类学科，需要关注其学术成果转化的潜力；对于人文社

会类学科，需要侧重其成果潜在的咨询决策价值和普适意义；对于医科，需要强调其临床实践经验和回馈社会、服务人民健康的实际贡献。学术评价应探索更多成果形式，丰富评价考核内容。②构建多元的教师分类评价体系。目前，我国高校组织体系具有人员规模庞大、结构复杂、专业领域广泛的特点，且各大高校的发展目标、任务及教师结构并不相同。目前，教学型、科研型、教学科研并重型教师在很多高校都有相应划分，因此必须对教师进行分类和多元的评价。近几年，上海交通大学在人事制度改革上有宝贵的实践经验，构建了教学型、科研型、教学科研并重型等类别的教师学术评价体系，打破单一评价模式，为各类教师开拓多元化职业发展途径。建立适应各类学科特色的分类评价机制，构建分类晋升机制，进一步细分优化专业技术职务类别。通过这些改革举措，深化创新教育机制改革，有效激发各类人才的创新创造活力，满足教师人性化发展需求，亦推动我国国际教育发展趋势[35-38]。

（五）发展第三方科技评估机构，积极开展第三方评估

2018 年，中共中央办公厅、国务院办公厅印发《关于深化项目评审、人才评价、机构评估改革的意见》，指出要充分发挥第三方科技评估机构作用。近年来，我国日益关注第三方科技评估机构，鼓励发展社会第三方评估机构。目前，我国第三方科技评估还处于探索起步阶段，鲜有能够独立开展第三方评估的机构。培育第三方科技评估机构，首先要加强第三方评估的专业性、权威性、程序性和独立性，制定相关规章制度，以科技成果评价为切入点，建立第三方科技评估体系。其次，要加强行业规范，强化第三方科技评估机构管理和治理机制，加快建立以引导机构规范从业、优化行业环境为宗旨的相关行业协会，出台相应法律法规、政策和行为规范。最后，要营造良好的行业生态。建立健全全过程监管机制，加强引导第三方科技评估机构健康发展，充分发挥社会信用体系在培育和发展第三方科技评估机构中的激励作用[36,38]。

参考文献

[1] 新华社．塑新时代科学家精神　强科研作风学风建设——科技部部长王志刚解读《关于进一步弘扬科学家精神加强作风和学风建设的意见》[EB/OL]. https://www. gov. cn/zhengce/2019 - 06/25/

content_5403030. htm.
[2] 董鑫蕊. 中国科学家精神的历史演进与当代培育 [D]. 北京: 北京交通大学, 2021.
[3] 新华网. 魏源: "师夷长技以制夷" 启迪 "救亡图存" 路径 [EB/OL]. http://cpc. people. com. cn/n1/2018/1029/c421684 - 30369536. html.
[4] 刘巍, 董亚峥, 杨志宏, 等. 中国科学家精神的历史渊源与当代价值 [J]. 今日科苑, 2022 (7): 40 - 46.
[5] 王夏虹, 游顶云. 中国科学家精神中的爱国主义精神: 历史逻辑、时代价值及启示 [J]. 科技传播, 2020, 12 (24): 13 - 16.
[6] 杨学军, 方向. 反抗侵略的伟大胜利　民族复兴的历史转折 [EB/OL]. http://www. qstheory. cn/dukan/qs/2020 - 09/01/c_1126430052. htm.
[7] 常棣 tandy. 留法勤工俭学缘起: 为何选择法国, 又为何在进步青年中形成热潮? [EB/OL]. https://baijiahao. baidu. com/s? id = 1699298602905201055&wfr = spider&for = pc.
[8] 葛夫平. 20 世纪初赴法勤工俭学运动. [EB/OL]. (2024 - 05 - 17). http://www. sx - dj. gov. cn/dylt/dscq/1791288571961102337. html.
[9] 樊洪业. 中国科学社——科学救国运动的先锋队 [J]. 科学, 2005, 57 (6): 6 - 9.
[10] 张佳静. 抗日战场上的中国科学家　科学救国与实业救国并举: 大后方工厂里的科学家们 [N]. 科技日报, 2015 - 09 - 10.
[11] 晏盈聪. 新中国成立前后留学归国科学家爱国主义精神研究 [D]. 成都: 西南交通大学, 2020.
[12] 李庆. 1950—1970 年代中国科学家精神研究 [D]. 武汉: 武汉大学, 2020.
[13] 中央政府门户网站. 第七章　十年 "文化大革命" 的内乱 [EB/OL]. https://www. gov. cn/18da/content_2247076. htm.
[14] 李斌. 百年复兴与科学家精神的形成 [J]. 中国科学院院刊, 2021, 36 (6): 692 - 697.
[15] 科技部. 改革开放——迎来科学的春天 [EB/OL]. (2008 - 12 - 02). https://www. most. gov. cn/ztzl/jnkjggfz30/kjfzlc/200812/t2008120 2_65958. html.

[16] 刘洋. 论邓小平的科技思想 [D]. 北京：中国地质大学（北京），2007.
[17] 中共中央办公厅 国务院办公厅印发《关于进一步弘扬科学家精神加强作风和学风建设的意见》[J]. 中华人民共和国国务院公报，2019 (18)：20－24.
[18] 习近平. 在科学家座谈会上的讲话 [EB/OL]. (2020－09－11). http://www.xinhuanet.com/politics/leaders/2020－09/11/c_1126483997.htm.
[19] 习近平. 在中国科学院第二十次院士大会、中国工程院第十五次院士大会、中国科协第十次全国代表大会上的讲话 [J]. 中华人民共和国国务院公报，2021 (16)：6－11.
[20] 汪晓东，张炜，吴姗. 人民日报署名文章：凝聚起中华儿女团结奋斗的磅礴力量——习近平总书记关于弘扬爱国主义精神重要论述综述 [EB/OL]. (2021－10－01). http://www.gov.cn/xinwen/2021－10/01/content_5640726.htm?eqid=8372da7c00094c1500000005645b970a.
[21] 尹晶晶. 中国科学家精神中的爱国蕴意和时代价值 [J]. 科教文汇（下旬刊），2020 (9)：36－37.
[22] 黄辛. "科创争先锋"：科学家诠释创新精神 [N]. 中国科学报，2017－07－17 (6).
[23] 刘燕青. 科学结构、科学革命与科学家的创新精神 [J]. 江南大学学报（人文社会科学版），2009，8 (3)：16－20.
[24] 一彤. 科学家论创新精神 [J]. 漳州职业大学学报，2000 (1)：27.
[25] 本报评论员. 继续发扬拼搏奉献、严谨求实的科学家精神：九论贯彻落实习近平总书记3月2日重要讲话精神 [N]. 科技日报，2020－03－13 (1).
[26] 姚婷. 科学家精神及其在科技强国建设中的作用研究 [D]. 武汉：武汉科技大学，2020.
[27] 何跃，完瑞红. 中国科学家精神的内涵、形成与弘扬 [J]. 昌吉学院学报，2022 (1)：7－12.
[28] 陈套. 弘扬科学家精神 实现科技自立自强 [J]. 科技中国，2022 (1)：90－94.

[29] 中共中央印发《关于深化人才发展体制机制改革的意见》[J]. 中国人才, 2016 (7): 6-11.
[30] 中共中央办公厅 国务院办公厅印发《关于深化职称制度改革的意见》[J]. 中华人民共和国国务院公报, 2017 (3): 14-18.
[31] 中共中央办公厅 国务院办公厅印发《关于深化项目评审、人才评价、机构评估改革的意见》[J]. 中华人民共和国国务院公报, 2018 (20): 23-28.
[32] 五部门联合开展清理“唯论文、唯职称、唯学历、唯奖项”专项行动 [J]. 中国勘察设计, 2018 (11): 6.
[33] 教育部. 关于开展清理“唯论文、唯帽子、唯职称、唯学历、唯奖项”专项行动的通知 [EB/OL]. (2018-11-08). http://www.moe.gov.cn/srcsite/A16/s7062/201811/t20181113_354444.html?isappinstalled=0&wd=&eqid=93f3f5500004e6bd0000000464264bdc.
[34] 李永全, 胡钦晓. 从“五唯”到“五维”: 学术评价范式的转换 [J]. 江苏高教, 2023 (1): 25-34.
[35] 肖国芳, 彭术连. 破“五唯”背景下高校学术评价的理性思考与改革路向 [J]. 科学管理研究, 2021, 39 (2): 65-72.
[36] 任增元, 吕慧莹, 张喜艳. 我国高校教师评价的“五唯”与超越 [J]. 现代教育科学, 2022 (6): 71-78.
[37] 范永庚, 李劲松. 应对“五唯”: 高校教师绩效考评的破与立 [J]. 人力资源, 2023 (6): 82-83.
[38] 朱红梅. 破“五唯”背景下基于教师发展的评价机制改革研究 [J]. 就业与保障, 2023 (6): 64-66.

第二章　科学研究规范与准则

第一节　科学研究规范内涵及意义

科学研究规范是从众多的科学实践中提炼而出并经过实践检验的一种规则，它使科研工作在某种意义上达到程序化、规范化和最佳化，为繁杂的科研工作指明了一条道路。当代科学研究的基本规范主要包括科学研究的理论构造规范、科学实践的操作规范，以及科研行为的道德规范。

科学研究以获取科学知识为目标。科学知识要用科学的语言来表达，它不仅包含通过科学实践获得的有关经验事实的陈述性知识，还包含以概念、法则、定理等形式表达的判定性知识或体现进程的必然性的程式性知识，也包括暗示事物性质与原因，表现在假说和理论中的解释性知识。因此，科学知识并非对经验事实的单纯汇总或表述，它运用独特的思维方式来了解事实的本质、普遍性、一般性和规律性，它是由概念、定律、定理、学说等知识单元组成的一套有条不紊、逻辑严密的知识体系，它是一种由科学思考所组成的完整的科学理论。科学研究的理论建设，不仅要利用对问题初始答案的假说来提出科学解释和科学的预测，从而建立起一套完整的假说理论体系，还要利用一套可行的思维方式和合理性原则来建立一套符合逻辑的、系统的科学理论。在科学研究中，理论建构规范要遵守以下四个原则：一是可验证性，也就是指一种科学理论的内涵是客观的，它符合实验事实，这是建立一种科学理论的根本保障。二是“逻辑体系”原则，也就是科学理论必须要有清晰的概念，有正确的判断，有合理的推理，有严密的论证，即符合逻辑的标准。逻辑上不存在悖谬原理，逻辑上的自洽和严密的体系是构建一切科学理论的最根本条件和基本要求。另外，科学的理论应该具有逻辑系统性，也就是说，一种理论并非单个的概念、原理、定律的简单叠加，它是依据客观事物的规律形成的一种具有内在关联的认识。三是全面性原则，就是要能够对某一领域中的各种有关的实际资料作出充分的和令人信服的说明。它既可以对已经知道的事物进行说明，也可以预测到未发现的事物。四是简单性原则，也就是一个理论系统要保持高度的一致性，在逻辑结构上要简洁和谐，形式上要完美，这样才能把科学的逻辑元素降到最低，用尽可能少的假说或理论来说明特定范围里全部已经知道的事实[1]。

在科学研究中，科学实践是一种重要的活动形式，包括科学观察、科学实验和科学调查等。科学实践的操作技术规范是最明确的科研规则，也最具有可操作性。在研究中，我们需要遵守的技术性规范主要有选题合理、设计严谨、程序科学、操作规范、重复论证、记录完善、数据准确、数据存档、统计正确、论证清晰、语言得当、引文准确、注释明确、署名正确、投稿规范等。这些技术性规范在不同学科可能会有所差异，但其精神内核是一致的，即从外在的条件出发，提升科学研究的科学性、合理性、正当性，从而确保科学研究的环节、内容和结果都能够经得起实践的检验，以此来确保所取得的研究成果都是积极有效的。

当代科学研究是一种专业化的社会劳动，它有着与其他社会实践活动相区别的体制和精神特征。这就需要研究人员既要遵循一般的社会规范，又要遵循一些特殊的科学道德规范。首先，科技工作者作为先进生产力的开拓者和先进文化的传播者，要树立为人类社会谋幸福、为人类进步而奋斗的科研观和社会主义核心价值观，一切活动都应该是人类社会发展中的正义活动，可以促进人类社会的正向发展。其次，科学研究作为社会生活中的重要部分，绝不是不食人间烟火的活动，而是与社会公德密切相关的。研究工作者要自觉遵循中华人民共和国公民道德规范，以科教兴国为本，以创新为纲，弘扬科学精神，倡导科学道德，自觉抵制违反道德规范的学术行为。最后，研究人员应该坚持求真务实、理性质疑、开拓创新、诚实守信的优良品格，恪守学术道德，与学术上的浮躁风气和弄虚作假、欺诈抄袭、不实署名等学术不端现象进行斗争，力争做一个好的学术风气的维护者、一个严谨治学的坚定实践者、一个优秀学术道德的传承者。

科学研究的规范逐渐被认可后，科研工作者以此规范为依据形成了科学共同体，他们在共同体内进行学术交流，坦诚而清晰地交换观点，同时也对他人进行有力驳斥。尽管科学研究的目标多种多样，科学认识的内涵也不尽相同，科学研究的发展也在不断变化，但是，科学理论和实践所遵循的一些基本原则是一致的。

科学研究中的学术规范在一定程度上对国家建设、社会发展和个人成长都具有重大意义。其一，遵守科学研究规范是国家科研实力提升的基石。科技创新是国家命运所系，而科研规范则是科技创新的基石，也是实施创新驱动发展战略、实现世界科技强国目标的重要基础。其二，遵守科学研究规范是良好社会风气塑造的关键。科学工作者如果秉承求真务实的科学精神，就会将这种价值观迁移至社会生活中，用自己的一言一行感染和带动周围的人，一起营造风清气正的社会氛围。其三，遵守科学研究规范是助力个人成就的前提。学术道德与学术规范是科研人员必须遵守的最重要的道德规范，它是确保学术正常交流，提高学术水平，获得学术积淀与个体发展的重要保证。

第二节　科学的本质与特性

对科学研究规范进行研究，需要建立在对科学的理解之上。广义上的科学是指人类对客观存在及其运动规律正确认识的知识。对于这个定义，可以从三个层面进行分析。首先，科学是知识，是正确的、系统化的知识，其中必然包括理论、观察及对自然界和人类社会的经验概括。科学知识在特定时期被特定领域的科学家所暂时接受，成为被社会共学的知识内容，成为一种“建立在共识的客观性之上的人工物”。而作为一种人工物的存在，科学是可错的、不完善的。其次，科学也可以被视为一种以取得科学知识为目的，由观察、实验、归纳等一系列严密的科学方法构成的认知活动，是对科学知识的发现过程，即科学研究。科学研究的目的是获得知识，途径是通过科学的认知方法进行抽象和概括。从知识的产生方式上看，科学研究是将逻辑推理与经验验证相结合的方式。最后，科学作为一种存在，也表现为一种社会建制。职业化的科学工作者为了获得知识、发展科学，按照一定规则或规范结合起来，形成能完成所承担的科学任务和功能的特殊建制，目的是完成认识活动，并形成知识。将科学视为一种社会建制是科学社会学的视角。在上述三者关系中，科学研究处于中心地位，科学研究的目的是获得科学知识，而科学知识的获得则需要科学研究活动的持续开展。科学的社会建制为科学研究活动的有序进行提供物质和组织保障。

基于科学广义的定义，可以总结出科学具有以下特性：

首先，价值中立。“科学是否蕴含价值”的问题是 20 世纪以来科学哲学领域的主导性问题。价值中立学说认为科学是关于客观的事实判断，与主观价值无关。这体现为知识是客观的，在形式上，知识需要以客观的图表、公示、文字等形式呈现出来，以便于在科学共同体内传播。科学对象也是客观的，因为科学的定义是对客观存在和规律的反映。此外，从科学研究的方法来说，它是一种工具理性、只关心手段的效率而不关心目的的选择，即不承载任何价值。科学价值中立学说抵御了科学领域内主观随意性的侵入，确保了科学的真理性和自我顺利发展。然而，现代科学的发展已经不再只是一种纯粹的理论探讨活动，价值中立学说无法适应大科学时代“科学－技术－社会一体化”的现实。在这样的环境里，科学家们不仅要对他们的研究工作负责，还对科学共同体中的其他人负有伦理的义务，并在更广泛的社会应用方面承担责任。作为一种知识体系，一种社会活动，以及社会建制，科学的伦理负荷是显而易见的。科学与价值的结合必然是一种互相开放、多元竞争、多元互补、具有长期性的自然历史进程。坚持道德规范，坚持科学方法与目的价值的统一，保持基础研究和应用研究的均衡，同时加强科学文化和人文文化的对话，对于科学朝着有利于人类社会进步的方向发展及实现科学的终极价值具有现实意义。

其次，可重复。科学是正确的知识，或者在当前被认为是正确的。这意味着科学是正确的代名词，即科学＝正确，不正确就是非科学。因为难以对实验结果进行直接验证和监控研究过程的诚信度，如何确证知识的正确性始终是一个难以被有效解决的问题。目前，实验可重复是一种高效判断知识正确与否的途径，是科学界公认的一项规范。可重复性原则通常指的是：一个实验的结果可以反复获得，就是“正确的”。所谓的“对”（或者说对实验结果的认可与确认）又可以分为三种类型：①实验现象的实际存在与否，现实中出现的事物应当具有稳定性，而非人为制造的例外；②实验结论的可信度，也就是其他研究人员对实验结论的认可度；③实验的结论命题是不是成立的，也就是实验的结果能否证明和解释对应的假设。但是，可重复原理并不能完全判定实验的准确性，二者的内在联系还存在争议。例如，一个实验者无意中发现了一个现象，但并没有稳定地获得，这并不意味着这个实验现象不存在，反之，通过搜索之前没有被关注到的影响因素，并加以修改，就有可能得到有意义的研究成果。另外，系统误差产生的实验结果是不可重复的，因此无法证明实验的结果是真实的。在科学研究行为中，可重复性被视为一种检验研究结果可靠性的必要条件，通过强调可重复性原则来维护学术领域的真实性[2]。

最后，逻辑可信。科学逻辑，也称为科学思维或科学推理，是建立科学理论的一种研究方法。就其研究客体而言，逻辑研究的是思维的最一般的形式结构，其研究内容是关于思维最普遍的规律。科研中运用逻辑的方法论研究，主要是探索出一种具有一定可操作性的方法论模式与程序。严复曾明确指出，逻辑“为一切法之法，一切学之学”。逻辑既是探索和创新的理论起点，又是认识错误、避免走弯路的警告器。所有的科学理论都建立在某种普遍适用的逻辑方法之上。比较和分类，分析和综合，类比和想象，抽象和理想化，观察和实验，归纳和演绎，这些都是基本的逻辑方法，每一种方法在理论的构建中都有其内在的合理性与有效性。注重逻辑的思考方式将为实践带来强大的方法论指导，有助于人们从已知推导出未知，从而实现思维革新[3]。

第三节 科学研究的理论体系

科学研究是以科学的实践为依据，探讨和认识世界的本质与规律的活动。科学研究不仅是一种探究与认知的行为，而且是一种理论知识体系。

科学研究的本体论。广义的科学本体论指一切实在的最终本性，科学的本体论则是关于对科学的本质、基础和规律的一般性理解。亚里士多德的《物理学》开宗明义地说：“如果一种研究的对象具有本原、原因或元素，只有认识了这些本原、原因和元素，才是知道了或者说了解了这门科学。”现代科学哲学经历了对传统的哲学存在论的批评，由古典的思辨哲学存在论走向科学现实主义的存在论，再到科学实在论的本体论，以及科学唯物主义的本体论。科学研究的方向在本体论上，如果正确地提出了研究客体，即便不能保证科学问题在某种条件下一定能被解答，但有关解答问题的条件和方法也只是一个历史问题。科学唯物主义以物质为科学研究对象，而在“物质”这一概念中，交互作用、互相联系占有重要位置。可感知的原则、变化的原则，乃至判断事物的本质，都是通过交互作用来解释。相互作用解释了事物和事物之间的不断变动，而相互作用又必然预先设定了变化。因为科研是一项非常复杂的创造性活动，所以它不能被某一特定的研究目标所限制。更重要的是，科学研究的世界是一个巨大的未知实体，当科技发展到一定程度时，我们对于世界的特定认知也会发生变化。因此，科学唯物主义本体论是符合现代科学发展，并能经受住考验的科学研究本体论[4]。

科学研究的认识论。科学是人类对世界的探索和认识，在此基础上，人们对科学认识的内在结构、发展变化过程和规律的反思与总结所形成的理论知识体系，就是科学认识论。科研工作的实质就是人们进行的一种认知与实践行为。科学认识是一种高级的、复杂的认知行为，它是一种对感性认识进行加工、制作、抽象、概括的过程，将个别的认识转换为一般的认识，将特殊的认识转换为普遍的认识，将具体的认识转换为抽象的认识。它是一个从感性认识到理性认识，然后从理性认识到实践的又一次飞跃的过程。总的来说，人们的一切认知活动都是按照“实践—认识—再实践—再认识”这一发展过程来进行的，因此，科学研究的过程是“科学实践—科学认识—科学实践—科学认识”这样一个循环往复以至无穷的过程[5]。

科学研究的方法论。方法论是关于认识世界和改造世界的方法的理论系统。就方法论的价值和意义来说，方法论是一切科学技术（包括哲学、各种具体科学、工程技术等）的根本理论基础，是一切科学技术、一切实践活动的动力学，是一切发明创造的工具和杠杆，是理想通往现实的桥梁。传统的逻辑方法主要有归纳和演绎、类比、分析和综合、抽象和具体、历史和逻辑、证明和反驳等，也有想象、猜测、直觉等非逻辑方法。以信息化、智能化为基本特征的现代社会，要求人们的综合思维能力占主导地位，在具体方法的应用上，表现出研究方法的综合性、科研成果的多样性。自然科学研究方法论的发展趋势，呈现以下特征：一是方法系统呈现出综合化趋势。当代自然科学研究高度分化与高度综合的一个明显特征是产生许多交叉学科和边缘学科。各门科学的发展也不再囿于某一范畴、某一维度的“就事论事”，而是多维度、全方位的“旁征博引”。表现在科学研究方法论上，相邻学科方法系统的移植与开拓越来越受到人们的重视。二是增强研究者理论思维能力，科学地预见未来。在科学研究的过程中，自然科学工作者的理论思维能力居于重要的地位。实证方法和理性方法紧密结合，重视实证方法基础上的理性方法，靠“思想实验”，靠逻辑推理方法，是方法论发展的一个趋势。研究者理论思维的能力既包括用科学精神研究客观现实的能力，也包括对正确理论的理解、接受，以及对错误理论的鉴别、抵制能力。

在实际的科研活动中，大部分的科学认识都是以“问题”为起点，也就是“本体”层次上的。主要是指提出科学问题，分析科学问题，从思维和理论的角度提出科学问题的解决方法，并在科学实践的执行中，对原本提出的相关问题的答案进行修改、修正、重构、创造、创新等。科学实践是指按照科学问题的本质和目标，以研究目标为中心进行的自觉的实践，这个进程主要体现在科学观察、科学实验或科学调查等方面，在实际工作中通过实际操作来解决科学问题，即方法论的范畴。自然科学研究工作者在科学研究中坚持科学精神和科学哲学的指导，才能够训练和提高自身实事求是、辩证地观察问题的能力，才可以研究那些尚未深入研究的或新出现的具体事物。紧紧跟踪本学科的前沿，为完成国家制定的“科教兴国”的伟大战略任务贡献自己的力量。

第四节　科学研究范式

“范式”这个词最早是美国的科学哲学家托马斯·库恩于 1962 年在其著作《科学革命的结构》一书中提出的，它是传统科学得以发挥作用的一种理论依据与实践规范，是科学共同体形成的一种共识、思维模式的框架，同科学共同体密不可分。

吉姆·格雷是图灵奖获得者，也是关系数据库之父，他把科研的发展分为四种范式。第一种范式是指对自然现象进行纪录与描写的试验，如现代实验科学之父伽利略在比萨斜塔上做的自由落体实验；第二种范式是利用模型，归纳总结形成的理论科学，如牛顿机械定理、麦克斯韦电磁场公式等；第三种范式是以模拟和仿真数学实验为主要特点的计算科学；第四种范式又称为大数据科学，当今以互联网为基础，以大数据为特点的数据密集科学就是第四种范式[6]。

当前，量子科学、生命科学、信息科学（包括人工智能）的发展，为现代科学带来了巨大改变，在此形势下对科研范式的思考也迫在眉睫。有观点认为，数据密集型科研将是新的科研范式的特征，但事实上这种说法并不全面。科研范式是包含科学研究的思维方式、行为方式和组织方式的综合性体系，因此，新的科研范式应从这三个层次的“纲”进行说明。

在科研思维方面，小数据时代传统的线性思维方式是“数据—信息—知识”的单向流动，这种思维方式更直观、直接，容易入手，得到了广泛共识。然而，在大数据的背景下，上述线性逻辑已无法适用，因为知识本质上不再是传统意义上具有坚实基础的得到辩护的真的信念集合，我们所面临的现状是知识的网络化和碎片化，知识的基础不再是事实，因此也不再具有整体性和确定性。数据本身成了知识的本体，在其中充满着不确定性和混乱。面对复杂的且十分不确定的研究对象，应该尝试使用非线性思维模式，虽然这种方式不够直接，但是探索性却很强，有机会产生新方法、新原理、新技术。非线性思维不按常规出牌，输出和输入不成正比。例如，规模扩大不一定等同能力的同倍数增长，要让体系出能力，要从系统的角度来实现突破。另外，在线性思维中，由上而下经常被弱化，由下而上却成为主导；由此从整体到局部的设计通常被反转，变成由局部主导整体；系统级的创新，常常被单元级的创新所淹没。线性思维也容易导致跟踪模仿，乃至本应该共生共行的还原论和系统论，现在却渐行渐远。因此，迎接新的科研范式的变革首先要变革线性思维的泛化[7]。

在科研行为方面，传统上，计算机是基于确定性的计算方法（具有规则导向的编程）对数据进行处理，而深度神经网络（深度学习）将从根本上革新人类与科技的互动模式。深度学习实质上就是一种基于深层网络的机器学习方法，通过对海量数据的“自我训练”来实现对目标的识别与判断，从而学会对研究对象进行决策和预测。数据的采集主要由智能终端自动生成，而不是必须由预设化的程序来执行。利用完整的大数据，可以突破长久以来人们所面临的信息非对称困境，通过对数据之间的相关性进行分析，使来自不同“维度”的大量数据进行“关联”，从而展现隐藏在诸多原始资料中的事物特性与客观规律。尽管大数据并不像常规科学那样能够使我们对生活的这个世界进行全方位的了解，但是它能够最好地应对这一新的复杂情况。现代科学，学科间的相互交叉与渗透趋势愈加明显，人工智能与神经科学、认知科学、量子科学、心理学、数学、经济学、社会学等相关基本学科的融合，也促进各个基本学科间的相互融合，大大拓展了人们认知范围。以基因测序为例，一些在数学或信息领域早已有的公式或算法，应用在生物信息或测序中却引起了意想不到的颠覆性技术变革。

在组织管理方面，近100年来，随着人类对知识的积累，知识体系的逻辑框架得以构建，各类学科交叉的研究机构层出不穷，传统的学科设置与研究组织方式已无法满足科技发展的需要，进而提出了交叉型的平行管理模式，建立与范式升级相适应的科研组织模式。在进行学科布局时，以科技组织有限自治和国家指导相结合，以重大的科学基础设施为依托，充分利用它们的集群作用，建立综合性的科学中心、国家实验室和大型的创新团队，以此来促进多学科的融合汇聚，开展前沿交叉研究，推动跨学科团队合作及国际化人才队伍培育。通过以交叉融合为特征的学科布局，将不同学科的理论和视角整合在一起，从而产生新的理念和思维模式[8]。

一种合理的科研范式可以对创新机制的形成起到很好的推动作用，而创新机制的开发还可以使科研范式变得更为合理规范。

第五节 临床研究方法学的规范性要求*

临床研究是基于临床问题的科学研究，其目的是探索疾病病因，提高临床诊疗水平和改善疾病预后等。根据研究目的，临床研究类型可分为病因学研究、诊断试验、治疗干预措施研究和预后研究。为规范不同类型临床研究等学术研究的实施与报告，国际医学期刊编辑委员会（International Committee of Medical Journal Editors，ICMJE）推荐作者投稿时根据研究设计类型遵守相应的报告指南（www. equator-network. org）[11]。本节以研究类型为导向，从方法学角度，结合报告指南，概述病因、诊断、治疗和预后研究的规范要求。

一、病因学研究

病因学研究是使用流行病学方法探索并验证危险因素与疾病发生是否存在因果关联及关联大小的研究，主要采用观察性研究设计，如横断面研究（cross-sectional study）、病例对照研究（case-control study）和队列研究（cohort study）。报告指南可参考 STROBE（strengthening the reporting of observational studies in epidemiology）[12]。

（一）横断面研究

横断面研究又名“现况研究”，指在特定时间点对特定人群的疾病或

---

* 本节内容参考文献［9］和［10］。

健康状况及其可能影响因素的分布状况进行调查的描述性流行病学研究。该研究类型相对容易实施，但证据级别不高。横断面研究的规范要求如下：

（1）研究对象的代表性。研究对象的选择可通过普查或抽样调查进行。抽样调查需要明确抽样框和抽样方法。常见的抽样方法包括概率抽样（如简单随机抽样、系统抽样、分层抽样、整群抽样）和非概率抽样。

（2）数据的完整准确。注意控制资料收集的质量，核实数据，预防并正确处理数据缺失。

（3）数据分析的合理性。可按照不同时间、空间及人群中的分布对疾病或健康状况进行统计描述。探索变量间的关联性应通过科学假设确定自变量或结局变量，探索有关变量与结局指标的关联性可采取单因素或多因素分析方法。

（二）病例对照研究

病例对照研究指疾病发生之后回溯调查病例与对照是否暴露于某特定病因因素的观察性研究。由于病例对照研究是由果及因的回顾性研究，因此存在较多的混杂因素及偏倚，病例对照研究注意的规范要求如下：

（1）病例与对照具有可比性。病例应具有统一、公认的诊断标准。对照应是未患有目标疾病但与病例人群具有可比性的人群。

（2）匹配设计。可要求对照在某些非研究因素或特征上与病例保持一致，从而提高统计功效。匹配的变量必须是已知的或有充分理由怀疑的混杂因子。匹配方式可分为频数匹配与个体匹配，比例一般为1∶1，最多不宜超过1∶4，避免出现过度匹配。

（3）偏倚的控制。应注意病例与对照的代表性，采取条件匹配、倾向性评分匹配、多因素分析或分层分析等方法控制混杂偏倚。

（三）队列研究

队列研究指将人群按是否暴露于某种可疑因素或其暴露程度分为不同亚组，随访观察其结局，比较不同亚组之间结局频率或严重程度的差异，从而判定暴露因素与结局之间有无因果关联及关联大小的一种观察性研究方法。根据研究对象进入队列时间及终止观察的时间，可分为前瞻性、历史性和双向性队列研究。前瞻性队列研究耗费的人力和物力较多，时间跨度长，容易出现失访现象。队列研究的规范要求如下：

（1）明确暴露因素和研究结局。暴露因素可以是疾病的危险因素，也可以是保护因素。研究结局的测量应全面、具体和客观。

（2）制订合理的随访计划。根据结局指标来确定随访时长、频率及终点，提高依从性，降低失访率。若失访率超过20%，则会影响研究结果的可靠性。

（3）数据分析的合理性。统计分析应明确主要暴露指标、结局指标和混杂因素。队列研究特有的描述性统计量包括人时数、累计发病率、发病密度、关联强度大小及其95%置信区间（相对危险度、归因危险度、人群归因危险度）等。分析步骤一般包括统计描述、组间比较、多因素分析、混杂效应与修饰效应分析等。

二、诊断试验

医学诊断试验（diagnostic test）的目的是评价一种诊断方法区分疾病或不同健康状态的能力，对诊断方法的准确度做出估计并进行统计推断。方法主要包括体格检查、实验室检查、影像学检查、病理活检、症状检查等。随着医学技术的进步与发展，尤其是基因组学、蛋白组学等的发展，新的诊断方法层出不穷。报告指南可参考诊断准确性报告标准（standards for reporting of diagnostic accuracy，STARD）[13]。为了提高诊断试验的诊断价值，以“金标准”为参照时需要注意的规范要求如下：

（1）以“金标准”作为参照。“金标准”指当前公认最可靠、最准确的诊断方法。

（2）选择合适的受试者。受试者应选择能够代表诊断试验可能推广应用的人群。病例组应涵盖目标疾病的各种临床类型（不同分期、病情严重程度、有无并发症等）。对照组应选择未患有目标疾病，特别是需要与目标疾病进行鉴别诊断的患者。

（3）同步进行，盲法检测。同步指新诊断方法和“金标准”检测同步进行，以避免因疾病进程或样本保存时间不同造成结果有差异。盲法指研究者在事先不知道受试者疾病状态的情况下对诊断试验结果进行判断，从而避免主观因素的影响。

（4）诊断试验的评价。需要综合评价诊断试验的真实性（灵敏度、特异度、似然比、约登指数等）、可靠性（Kappa 值、符合率等），以及卫生经济学效果等。受试者工作特征曲线（receiver operating characteristic curve，ROC）及其曲线下面积（area under the curve，AUC）是用来综合评价诊断试验的诊断价值和确定最佳诊断界值的常用方法。AUC 越接近 1，诊断价值越高。ROC 曲线上最接近左上角的点或约登指数最大的点对应的观察值为最佳诊断界值。

三、治疗干预措施研究

疾病的治疗研究是临床研究中最重要的领域。常见的治疗干预措施研究类型包括单臂临床试验（single arm trial，SAT）和随机对照试验（randomized controlled trial，RCT）。

SAT 是指研究只设立一个试验组，不设立平行对照组。常用于抗肿瘤药物研发的早期阶段、罕见病或新发疾病、目前尚无有效治疗方案或指南/共识中无标准治疗方法的疾病等。由于通常采用历史对照或外部对照，SAT 可能存在由于研究人群的不同，或治疗方法的进步及后续治疗的影响等造成的偏倚，影响结果的可靠性。

RCT 是指将研究对象随机分配到不同的组并施加不同的干预措施，经过随访比较组间结局指标的差别，从而评估干预措施效果。报告指南可参考临床试验报告统一标准（consolidated standards of reporting trials，CONSORT）[14]。RCT 能最大限度降低偏倚，证据级别高，RCT 的规范要求如下：

（1）选择合适的设计类型。这包括平行对照、析因、交叉和适应性设计等。

（2）明确研究终点指标。严格定义和区分主要、次要终点指标。如果需要同时评价多个主要结局指标，应控制 I 类错误。

（3）确定统计检验的比较类型。对于主要结局指标，需要明确阐述统计检验的比较类型。常用的检验类型为差异性检验、优效性检验、非劣效性检验。非劣效性检验需要事先规定相应的检验界值，界值由研究者和统计人员根据既往的医学证据共同商定。

（4）选择合适的对照。这包括空白对照、安慰剂对照、阳性对照和多组对照等，选择合适的对照可保证组间非干预因素的均衡，真实地反映干预措施的作用大小。

（5）随机分组。这包括简单随机、区组随机、分层随机和动态随机。随机分组可保证受试者被分配到试验组或对照组的概率是相同的或一定的，可均衡组间混杂因素，提高组间可比性。

（6）实施盲法。盲法是一种蒙蔽治疗分组的措施，提高依从性，避免评价的主观性。常用的盲法有单盲（受试者）、双盲（研究者和受试者）和三盲（研究者、受试者、统计分析人员）。无法实施盲法时，可实施分组隐匿，并对终点的评价人员和统计分析人员设盲，保证结果的客观性。

（7）数据分析的合理性。须定义数据分析集，包括意向性分析集/全分析集、符合方案集、安全数据集等。明确主要疗效、次要疗效和安全性指标的分析方法。若涉及期中分析，应在研究方案中事先规定，并设立数据监查委员会。

四、预后研究

预后研究指对疾病发展过程中可能出现的各种结局（如痊愈、复发、恶化、并发症、死亡等）的概率进行预测及探索其影响因素的研究。其最佳设计类型是队列研究，尤其是前瞻性队列研究。

预后预测模型的本质是利用可能影响预后的因素构建多因素统计模型，对疾病结局实现个体化预测。报告指南可参考多因素预测模型透明报告（transparent reporting of a multivariable prediction model for individual prognosis or diagnosis，TRIPOD）[15]，需要注意的规范要求如下：

（1）确定研究起始点。进入预后研究的患者必须处于疾病发展进程中的同一起始点，且必须明确起始点的标准，否则难以评估真正的预后。

（2）筛选潜在预后因素。应根据既往研究或专业知识判断，结合单因素分析结果，筛选能够纳入多因素预测模型的预后因素。注意考虑预后因素间的共线性问题。

（3）模型的构建与验证。常使用 Logistic 回归模型或 Cox 比例风险模型建立预后预测模型。预测模型的验证分为内部验证和外部验证。内部验证的方法包括数据分割、交叉验证、重抽样等。外部验证是利用另外一组独立的数据集验证模型的可推广性。

(4) 模型的评价与应用。可通过区分度、校准度、决策曲线分析等指标来评价模型的准确性和临床实用性。也可使用综合判别改善指数及净重新分类指数等指标评价引入新预测因子后的预测效能增加值。

参考文献

[1] 吕群燕，任胜利. 科技基金申请书的基本要求Ⅱ：科研规范 [J]. 科技导报，2009，27 (9)：112.

[2] 任思腾. 科学实验中的可重复概念 [J]. 自然辩证法通讯，2020，42 (9)：46-52.

[3] 杜国平. 何谓科学思维 [J]. 重庆理工大学学报（社会科学），2022，36 (1)：59-65.

[4] 刘周全. 科学本体论的兴起和形成 [J]. 锦州师范学院学报（哲学社会科学版），2002 (6)：41-45.

[5] 吕群燕. 现代科学研究的一般程序及科技基金申请书的设计依据 [J]. 科技导报，2009，27 (7)：112.

[6] 徐静安. 第十六讲关于科学研究范式的概念和学习应用 [J]. 上海化工，2017，42 (8)：15-19.

[7] 戴潘. 基于大数据的科学研究范式的哲学研究 [J]. 哲学动态，2016，(9)：105-109.

[8] 陈套. 科学研究范式转型与组织模式嬗变 [J]. 科学管理研究，2020，38 (6)：53-57.

[9] 李晓松. 卫生统计学 [M]. 8版. 北京：人民卫生出版社，2017.

[10] 詹思延. 流行病学 [M]. 8版. 北京：人民卫生出版社，2017.

[11] International Committee of Medical Journal Editors. Recommendations for the conduct, reporting, editing and publication of scholarly work in medical journals [J]. Philippine journal of pathology, 2017, 2 (1): 46-62.

[12] VON ELM E, ALTMAN D G, EGGER M, et al. Strengthening the reporting of observational studies in epidemiology (STROBE) statement: guidelines for reporting observational studies [J]. Revista espa? ola de salud pública, 2008, 82 (3): 251-259.

[13] BOSSUYT P M, REITSMA J B, BRUNS D E, et al. STARD 2015: an

updated list of essential items for reporting diagnostic accuracy studies [J]. Radiology, 2015, 277 (3): 826-832.

[14] SCHULZ K F, ALTMAN D G, MOHER D. CONSORT 2010 statement: updated guidelines for reporting parallel group randomised trials [J]. Journal of clinical epidemiology, 2010, 63 (8): 834-840.

[15] COLLINS G S, REITSMA J B, ALTMAN D G, et al. Transparent reporting of a multivariable prediction model for individual prognosis or diagnosis (TRIPOD): the TRIPOD statement [J]. The British journal of surgery, 2015, 102 (3): 148-158.

第三章　科技伦理入门

科技伦理是开展科学研究、技术开发等科技活动需要遵循的价值理念和行为规范，是促进科技事业健康发展的重要保障。科技伦理贯穿科学研究、技术开发等科技活动全过程，科技人员应自觉遵守科技伦理要求，主动学习科技伦理知识，增强科技伦理意识，自觉践行科技伦理原则，坚守科技伦理底线，发现违背科技伦理要求的行为，要主动报告、坚决抵制。科技活动与科技伦理应协调发展、良性互动，实现负责任的创新[1]。

2022 年 3 月 20 日，中共中央办公厅、国务院办公厅印发《关于加强科技伦理治理的意见》，首次提出“伦理先行”等五项治理要求，明确任何单位、组织和个人开展科技活动不得危害社会安全、公共安全、生物安全和生态安全，不得侵害人的生命安全、身心健康、人格尊严，不得侵犯科技活动参与者的知情权和选择权，不得资助违背科技伦理要求的科技活动[1]。2023 年 10 月 8 日，科技部、教育部、工业和信息化部等十部委印发《科技伦理审查办法（试行）》[2]，进一步明确和规范科技伦理审查的细则和程序。

科技伦理的原则包括五个方面：①增进人类福祉。科技活动应坚持以人民为中心的发展思想，有利于促进经济发展、社会进步、民生改善和生态环境保护，不断增强人民获得感、幸福感、安全感，促进人类社会和平发展和可持续发展。②尊重生命权利。科技活动应最大限度地避免对人的生命安全、身体健康、精神和心理健康造成伤害或构成潜在威胁，尊重人格尊严和个人隐私，保障科技活动参与者的知情权和选择权。使用实验动物应符合“减少、替代、优化”等要求。③坚持公平公正。科技活动应尊重宗教信仰、文化传统等方面的差异，公平、公正、包容地对待不同社会群体，防止歧视和偏见。④合理控制风险。科技活动应客观评估和审慎对待不确定性和技术应用的风险，力求规避、防范可能引发的风险，防止科技成果误用、滥用，避免危及社会安全、公共安全、生物安全和生态安全。⑤保持公开透明。科技活动应鼓励利益相关方和社会公众合理参与，建立涉及重大、敏感伦理问题的科技活动披露机制。公布科技活动相关信息时应提高透明度，做到客观真实[1]。

在医学科技领域，伦理问题主要涉及的是人体试验和动物实验，本章将从涉及人的医学伦理及实验动物伦理两方面进行讲述。

第一节　医学伦理的起源及意义

一、医学伦理的概念

医学伦理在本质上是医学工作者在医学科研活动中应该恪守的价值观、承担的社会责任和遵守的行为规范。医学科学研究在探索的过程中，由于结果的不确定性，在给人类带来福祉的同时，也可能会给人类社会带来冲击与不良影响，如何既保护科学研究的自主创新性，又能避免医学科学研究的前沿探索行为对社会伦理秩序的冲击，已成为医学科研伦理亟待解决的核心问题，也是科研伦理的核心价值。医学伦理不是强加在科研活动身上的枷锁，而是为科研活动保驾护航的指引手册与灯塔。

二、医学伦理的发展史

人体试验是促进医学发展的重要手段，但也是医学黑历史的重灾区。第二次世界大战期间，德国纳粹医生在纳粹集中营中针对犹太人及战俘进行了一系列惨无人道的人体试验，如在活人中开展人体冷冻、辐射、低温低压、细菌感染、疟疾、毒气等试验，严重违背了人类生命伦理和生命价值原则，造成了600万犹太人、战俘及其他无辜者的死亡。德国战败后，纽伦堡国际军事法庭对23名医学战犯进行了审判，并制定了人体试验的基本原则——《纽伦堡法典》。该法典于1946年公布于世，是世界上第一部规范临床试验的法典。随后，1964年，世界医学会第八次大会颁布了世界范围内的人体试验伦理道德规范——《赫尔辛基宣言》。直到1972年，美国媒体披露了美国历史上持续时间最长、最臭名昭著的违背医学伦理的生物医学试验“Tuskegee 梅毒试验”，使伦理问题再次引起全球热议。1932年，美国卫生部为了研究梅毒的自然发展病程，选择400名非洲裔穷苦黑人进行试验，即使1940年青霉素已经是治疗梅毒的标准用药，研究人员仍欺瞒、阻止受试者获得常规治疗。直至试验曝光，参与试验的受试者中，有多人的妻儿被传染、感染梅毒，100 名受试者直接死于梅毒或梅毒并发症。1979 年，《贝尔蒙报告》面世，强调人体试验应遵循尊重、受益、公平的原则。

从以上历史事件中可看出，世界对医学伦理的研究在不断进步，但随着临床研究数量的日益增长、新技术发展的日新月异，医学科技在给人类带来疾病治疗希望的同时，也带来了严重的争议。1999 年，年仅 18 岁的 Jesse Gelsinger 在一项针对鸟氨酸转氨酶缺乏症的基因疗法的安全试验中，死于严重的免疫反应。经调查，尽管试验前研究者已经发现病毒颗粒在猴子的动物实验中表现出了肝毒性，有一位接受同样治疗的患者也出现了严重的肝损伤，但研究团队未正式告知包括 Jesse 在内的研究参与者。事件一经公开，立刻引发了公众的广泛质疑，呼吁基因治疗领域需要更规范的伦理审查和更严格的监督机制。2018 年，南方科技大学贺建奎副教授公开宣布一对双胞胎基因编辑婴儿在中国诞生，并宣称她们“出生后即能天然抵抗艾滋病病毒”。这一消息迅速激起轩然大波，社会各界呼吁必须加强伦理监管。

三、伦理委员会的重要性

无数的历史经验证明，只有人道的、符合伦理的医学研究才符合医学发展的根本目的，研究的重要性不能超出研究参与者承担的风险和负担。20 世纪 60 年代，国际上开始建立医学伦理委员会，负责对医学研究进行独立的伦理审查与监管，旨在规范临床研究，保护受试者。

针对研究对象、类别的不同，我国医疗机构设置的伦理委员会类型有临床研究/试验伦理委员会、生殖医学伦理委员会、干细胞/体细胞临床研究伦理委员会、人体器官移植技术临床应用与伦理委员会、实验动物伦理委员会等。根据法规要求，不同委员会的成员组成略有不同，但通常都会包括医药学、法学专业领域的专家及非本机构的社会人士，并要求有不同性别的委员，通常不少于 7 人，目的是保证伦理审查的独立、客观、公正，能够从不同的角度进行全方位的伦理审视，保障研究参与者的权益和安全[3,7-10]。

第二节 涉及人的生命科学和医学研究伦理审查要求

一、审查范围[3]

涉及人的生命科学和医学研究，是指以人为受试者或者使用人（统称为研究参与者）的生物样本、信息数据（包括健康记录、行为等）开展的研究活动，在开展前必须经过医学伦理委员会的审查，主要包括以下研究活动：

（1）采用物理学、化学、生物学、中医药学等方法对人的生殖、生长、发育、衰老等进行研究的活动。

（2）采用物理学、化学、生物学、中医药学、心理学等方法对人的生理行为、心理行为、病理现象、疾病病因和发病机制，以及疾病的预防、诊断、治疗和康复等进行研究的活动。

（3）采用新技术或者新产品在人体上进行试验研究的活动。

（4）采用流行病学、社会学、心理学等方法收集、记录、使用、报告或者储存有关人的涉及生命科学和医学问题的生物样本、信息数据（包括健康记录、行为记录等）等科学研究资料的活动。

二、审查类别

伦理审查贯穿医学研究的全过程，包括以下内容。

（一）初始审查

初始审查指在医学研究开展前需要进行的审查。初始审查需要提交的材料通常包括：①研究材料诚信承诺书；②伦理审查申请表；③研究项目负责人信息、研究项目所涉及的相关机构的合法资质证明，以及研究项目经费来源说明；④研究项目方案、相关资料，包括文献综述、临床前研究和动物实验数据等资料；⑤知情同意书；⑥生物样本、信息数据的来源证明；⑦科学性论证意见；⑧利益冲突申明；⑨招募广告及其发布形式；⑩研究成果的发布形式说明；⑪伦理委员会认为需要提交的其他相关材料[3]。

（二）跟踪审查

对已批准开展的研究项目，伦理委员会还会进行定期的跟踪审查和实地访查直至项目结束。主要包括以下 6 项[4,5]：

（1）年度/定期跟踪审查。项目负责人需要按照伦理审查意见的跟踪审查频率定期提交研究进展报告，向伦理委员会汇报研究的进度及是否存在影响研究进行的情况。审查频率根据研究的风险程度而定，但不超过 12 个月。

（2）修正案审查。研究过程中需要变更或修订研究方案、知情同意书、招募材料等材料时，项目负责人应提交修正案审查申请，由伦理委员会评估变更后对研究预期风险和受益的影响及对研究参与者权益与安全的影响。

（3）安全性信息审查。发生严重不良事件时，项目负责人需要判断是否与研究相关，及时报告伦理委员会，做好研究参与者保护工作。

（4）方案偏离审查。对于研究过程中任何原因导致的方案偏离/违背事件，项目负责人均应客观记录，明确发生的原因及纠正措施，并报告伦理委员会。

（5）暂停/终止研究审查。项目负责人应有合理说明暂停或提前终止研究的原因及后续处理措施。伦理委员会评估已入组研究参与者的安全和权益是否得到保证。

（6）结题审查。研究完成后，项目负责人向伦理委员会报告研究的完成情况。

三、审查流程

伦理委员会一般有会议审查、简易程序审查两种审查形式。其中，会议审查是主要审查形式，一般流程如下：项目申请人提交伦理委员会，伦理秘书进行形式审查并发送受理通知和（或）补充、修改送审材料通知，定期召开伦理审查会，会上申请人重点介绍研究方案及知情同意书，委员提问，申请人答疑，申请人退场回避，委员讨论并投票，签发反馈书面意见。

对于一般的观察性研究，尤其是回顾性研究，或对已批准的临床研究方案、知情同意书做较小修改等不影响研究风险受益比，可申请简易程序审查。简易程序审查是对伦理审查方式的补充，由2名或2名以上的委员进行审查并出具审查意见[3]，不需要项目负责人参加审查会议，有利于提高时效性。

四、审查原则

研究应当符合以下伦理准则[6]：

（1）控制风险。研究的科学和社会利益不得超越对研究参与者人身安全与健康权益的考虑。研究风险受益比应当合理，使研究参与者可能遭受的风险最小化。

（2）知情同意。尊重和保障研究参与者或者研究参与者监护人的知情权和参加研究的自主决定权，严格履行知情同意程序，不允许使用欺骗、利诱、胁迫等手段使研究参与者或者研究参与者监护人同意参加研究，允许研究参与者或者研究参与者监护人在任何阶段无条件退出研究。

（3）公平公正。应当公平、合理地选择研究参与者，入选与排除标准具有明确的科学依据，公平合理地分配研究受益、风险和负担。

（4）免费和补偿、赔偿。对研究参与者参加研究不得收取任何研究相关的费用，对于研究参与者在研究过程中因参与研究支出的合理费用应当给予适当补偿。研究参与者受到研究相关损害时，应当得到及时、免费的治疗，并依据法律法规及双方约定得到补偿或者赔偿。

（5）保护隐私权及个人信息。切实保护研究参与者的隐私权，如实将研究参与者个人信息的收集、储存、使用及保密措施情况告知研究参与者并得到许可，未经研究参与者授权不得将研究参与者的个人信息透露给第三方。

（6）特殊保护。对涉及儿童、孕产妇、老年人、智力障碍者、精神障碍者等特定群体的研究参与者，应当予以特别保护；对涉及受精卵、胚胎、胎儿或者可能受辅助生殖技术影响的，应当予以特别关注。

五、伦理委员会审查的重点内容[4]

（一）研究方案的设计与实施

（1）研究符合公认的科学原理，基于文献及充分的实验室研究和动物实验。

（2）与研究目的有关的研究设计和对照组设置的合理性。

（3）研究参与者提前退出研究的标准，以及暂停或终止研究的标准。

（4）研究实施过程中的监查和稽查计划，包括必要时成立独立的数据与安全监察委员会。

（5）研究者的资格与经验，并有充分的时间开展研究，人员配备及设备条件等符合研究要求。

（6）研究结果报告和发表的方式。

（7）特殊情况：安慰剂的使用。安慰剂对照以削弱研究参与者的知情同意为前提，其目的是保证研究及其结果客观可靠。在此情况下，研究参与者的知情同意自主权与医学科学发展的功利追求发生了严重碰撞：安慰剂的应用意味着必须停止对患者的治疗，患者很有可能因此而错过最佳治疗时机。因此，危重患者、病情发展变化快的患者不能进行安慰剂对照研究，如急性肾衰、急性心肌梗死、严重的糖尿病患者等。双盲法是在使用安慰剂对照的情况下，使研究参与者和研究观察者都不知道到底是谁使用安慰剂及谁使用研究药物/器械，此方法可以更大限度地避免各种主观因素的影响，保证研究结果的客观性，从而保证其科学性。但双盲法在伦理上也存在障碍：双盲法使患者不能知悉自己治疗过程的全部信息。但是，双盲法与安慰剂对照设计一样是为了保证研究及其结果客观可靠，因此，双盲法是道德的。但双盲法应严格遵循《赫尔辛基宣言》中的伦理要求，全力保障研究参与者的权益。

（二）研究的风险与受益

（1）研究风险的性质、程度与发生概率的评估。

（2）风险在可能的范围内最小化。

（3）预期受益的评估：研究参与者的受益和社会的受益。

（4）研究风险与受益的合理性：①对研究参与者有直接受益前景的研究，预期受益与风险应至少与目前可获得的替代治疗的受益与风险相当。研究风险相对于研究参与者预期的受益而言，必须是合理的。②对研究参与者没有直接受益前景的研究，风险相对于社会预期受益而言，必须是合理的。

（三）研究参与者的招募

（1）研究参与者的人群特征，包括性别、年龄、种族等。

（2）研究的受益和风险在目标疾病人群中公平和公正分配。

（3）拟采取的招募方式和方法。

（4）向研究参与者或其监护人告知有关研究信息的方式。

（5）研究参与者的纳入与排除标准。

（四）知情同意书告知的信息[3]

（1）研究基本信息、研究目的、应遵循的研究步骤（包括所有侵入性操作）、研究期限。

（2）预期的研究参与者的风险和不便。

（3）预期的受益。当研究参与者没有直接受益时，应告知研究参与者。

（4）研究参与者可获得的备选治疗，以及备选治疗重要的潜在风险和受益。

（5）研究参与者的权利，包括自愿参加和随时退出、知情、同意或者不同意、保密、补偿、受损害时获得免费治疗和补偿或者赔偿、新信息的获取、新版本知情同意书的再次签署、获得知情同意书等。

（6）研究数据和研究参与者个人资料的使用范围和方式，是否进行共享和二次利用，以及保密范围和措施，说明必要时研究项目申办者、伦理委员会、政府管理部门按规定可以查阅研究参与者资料。

（7）研究结果是否会反馈给研究参与者。

（8）当存在有关研究和研究参与者权利的问题，以及发生研究相关损害时，有联系人及联系方式。

（9）涉及人的生物样本采集的，还应当包括生物样本的种类、数量、用途、保藏、利用（包括是否直接用于产品开发、共享和二次利用）、隐私保护、对外提供、销毁处理等相关内容。

（五）知情同意的过程[7]

（1）知情同意应符合完全告知、充分理解、自主选择的原则。

（2）知情同意的表述应通俗易懂，适合该研究参与者群体理解的水平。

（3）研究参与者或者其监护人，以及执行知情同意的研究者应当在知情同意书上分别签名并注明日期，如非研究参与者本人签署，应当注明关系。

（4）若研究参与者或者其监护人缺乏阅读能力，应当有一位公正的见证人见证整个知情同意过程。研究者应当向研究参与者或者其监护人、见证人详细说明知情同意书和其他文字资料的内容。若研究参与者或者其监护人口头同意参加研究，在有能力的情况下应当尽量签署知情同意书，见证人还应当在知情同意书上签字并注明日期，以证明研究参与者或者其监护人就知情同意书和其他文字资料得到了研究者准确的解释，并理解了相关内容，同意参加研究。

（5）研究参与者或者其监护人应当得到已签署姓名和日期的知情同意书原件或者副本和其他提供给研究参与者的书面资料，包括更新版知情同意书原件或者副本，以及其他提供给研究参与者的书面资料的修订文本。

（6）研究参与者为无民事行为能力人的，应当取得其监护人的书面知情同意；研究参与者为限制民事行为能力人的，应当取得本人及其监护人的书面知情同意。当监护人代表研究参与者知情同意时，应当在研究参与者可理解的范围内告知研究参与者研究的相关信息，并尽量让研究参与者亲自签署知情同意书和注明日期。

（7）紧急情况下，参加研究前不能获得研究参与者的知情同意时，其监护人可以代表研究参与者表达知情同意，若其监护人也不在场，研究参与者的入选方式应当在研究方案及其他文件中清楚表述，并获得伦理委员会的书面同意，同时应当尽快得到研究参与者或者其监护人可以继续参加研究的知情同意。

（8）当研究参与者参加非治疗性临床研究，应当由研究参与者本人在知情同意书上签字同意和注明日期。只有符合下列条件，非治疗临床研究可由监护人代表研究参与者表达知情同意：临床研究只能在无知情同意能力的研究参与者中实施；研究参与者的预期风险低；对研究参与者健康的负面影响已减至最低，且法律法规不禁止该类临床研究的实施；该类研究参与者的入选已经得到伦理委员会审查同意。该类临床研究原则上只能在患有研究药物/器械适用的疾病或者状况的患者中实施。在临床研究中应当严密观察研究参与者，若研究参与者出现过度痛苦或者不适的表现，应当让其退出研究，还应当给予必要的处置以保证研究参与者的安全。

（六）豁免知情同意的条件

以下情形经伦理委员会审查批准后，可以免除签署知情同意书：①利用不可识别身份信息的人体材料或者数据进行研究，已无法找到该研究参与者，且研究项目不涉及个人隐私和商业利益；②生物样本捐献者已经签署了知情同意书，同意所捐献样本及相关信息可用于所有医学研究[6]。

（七）研究参与者的医疗和保护

（1）研究人员的资格和经验与研究的要求相适应。

（2）基于研究目的而不给予标准治疗的理由。

（3）在研究过程中和研究结束后，为研究参与者提供的医疗保障。

（4）为研究参与者提供适当的医疗监测、心理与社会支持。

（5）研究参与者自愿退出研究时拟采取的措施。

（6）延长使用、紧急使用或出于人道主义而提供研究用药/器械的标准。

（7）研究结束后，是否继续向研究参与者提供研究用药/器械的说明。

（8）研究参与者需要支付的费用说明。

（9）提供给研究参与者的补偿（包括现金、服务和/或礼物）。

（10）由于参加研究造成研究参与者的损伤、残疾、死亡时提供的补偿或治疗。

（11）保险和损害赔偿。

（八）隐私和保密

（1）可以查阅研究参与者个人信息（包括病历记录、生物学标本）

人员的规定。

（2）确保研究参与者个人信息保密和安全的措施。

（九）涉及弱势群体的研究

（1）唯有以弱势人群作为研究参与者，研究才能很好地进行。

（2）研究针对该弱势群体特有的疾病或健康问题。

（3）当研究对弱势群体不提供直接受益可能，研究风险一般不得大于最小风险，除非伦理委员会同意风险程度可略有增加。

（4）当研究参与者不能给予充分知情同意时，要获得其监护人的知情同意，若有可能还应同时获得研究参与者本人的同意。

（十）涉及特殊疾病人群、特定地区人群/种族的研究

（1）该研究对特殊疾病人群、特定地区人群/族群造成的影响。

（2）外界因素对个人知情同意的影响。

（3）研究过程中，计划向该人群进行咨询。

（4）该研究有利于当地的发展，如加强当地的医疗保健服务，提升研究能力，以及应对公共卫生需求的能力。

六、审查通过的基本标准

坚持生命伦理的社会价值，研究方案科学，公平选择研究参与者，合理的风险与受益比例，知情同意书规范，尊重研究参与者的权利，遵守科研诚信规范[6]。

第三节　动物研究伦理审查

一、动物研究伦理审查范围

从事实验动物的科学研究、生产、经营、运输和应用的单位和个人需要通过实验动物伦理委员会的实验动物伦理审查，出具伦理审查报告。

各类实验动物的饲养和动物实验获得伦理委员会批准后方可执行，并

接受日常监督检查。

二、动物研究伦理审查的作用和意义

动物研究伦理审查的主要作用是在遵循国际通行的动物福利和伦理准则及贯彻执行国家有关实验动物管理法律、法规和政策的前提下，切实维护实验动物福利，规范实验动物从业人员的职业行为。

动物研究伦理审查可以提高实验动物从业人员对实验动物的认识，使他们自发地关爱、保护动物，也有利于培养正确的医学伦理价值观和职业精神，为其开展涉及人的医学研究奠定良好基础和价值观。

动物研究伦理审查不仅体现了人与自然和谐共处的科学发展理念，同时也是动物研究结果准确性的必然保证。只有在良好的生活环境中生存，实验动物的各种生理指标、生理机能、心理状态才能保持最大限度的稳定，才能保证实验结果准确可靠。

三、动物研究伦理审查的基本原则和主要内容

（一）动物研究伦理审查所依据的基本原则[11]

1．动物保护原则

审查动物实验的必要性，各类实验动物的使用必须以有充分的理由为前提，制止没有科学意义和社会价值或不必要的动物实验。对实验目的、预期利益与造成动物的伤害、死亡进行综合评估。

优化动物实验方案以保护实验动物特别是濒危动物物种，减少不必要的动物使用数量。

在不影响实验结果的科学性、可比性的情况下，鼓励动物替代方法，用低进化水平动物替代高等级动物，用无脊椎动物替代脊椎动物，用组织细胞替代整体动物，用分子生物学、人工合成材料、计算机模拟等非动物实验方法替代动物实验。

2．动物福利原则

保证实验动物在生存过程中（包括运输中）享有最基本的权利，享有免受饥渴、生活舒适自由的权利，享有良好的饲养和标准化的生活环

境，各类实验动物管理和处置要符合该类实验动物规范的操作技术规程。

3. 伦理原则

应充分考虑动物的权益，善待动物，防止或减少动物的应激、痛苦和伤害，尊重动物生命，制止针对动物的野蛮行为，采取痛苦最少的方法处置动物，实施人道终点。保证从业人员的安全。动物实验方法和目的符合人类的道德伦理标准和国际惯例。

4. 综合性科学评估原则

公正性：应保持独立、公正、科学、民主、透明、不泄密，不受政治、商业和自身利益的影响。

必要性：各类实验动物的饲养和应用或处置必须以有充分的理由为前提。

利益平衡：全面、客观地评估动物所受的伤害和应用者由此可能获取的利益。

（二）动物研究伦理审查的主要内容

1. 人员资质

实验动物从业人员，应通过专业技术培训，获得从业人员相关资质和技能。实验动物从业单位应根据实际需求，制订实验动物福利伦理专业培训计划并组织实施，保证从业人员熟悉实验动物福利伦理有关规定和技术标准[12]。此外，应配备实验动物医师参加动物实验项目的审查、实施、检查，动物疾病的预防、诊断与治疗，以及相关技术的指导与培训工作。

2. 设施条件

实验动物生产和使用设施条件及各项环境指标，应达到《实验动物 环境及设施》（GB 14925—2023）和《关于善待实验动物的指导性意见》（国科发财字〔2006〕398 号）[13]的有关规定，并持有与动物相应的行政许可[14]。伦理委员会必须对设施条件进行定期检查[12]。

3. 动物来源

所使用的实验动物应来源清楚，背景清晰，生物学特性明确，谱系记录完整。实验动物应符合《实验动物 遗传质量控制》（GB 14923—2022）中的质量标准。

4. 技术规程

实验动物的饲养管理、设施管理、各类动物实验操作包括仁慈终点的确定和安死术、实验环境的控制和各类实验动物项目的实施应符合实验动物福利伦理质量标准、管理规定和规范性操作规程[12]，并提供伦理委员会予以审查和实施监督。

5. 动物饲养[15]

（1）从事实验动物饲育工作的单位，必须根据遗传学、微生物学、营养学和饲育环境方面的标准，定期对实验动物进行质量监测。

（2）实验动物的饲育室、实验室应设在不同区域，并进行严格隔离。

（3）实验动物必须按照不同来源，不同品种、品系和不同的实验目的，分开饲养。

（4）对不同等级的实验动物，应当按照相应的微生物控制标准进行管理。

（5）实验动物的饲料、饮水、垫料的质量标准应符合《实验动物 环境及设施》（GB 14925—2023）的要求。

6. 动物使用

在符合科学原则的条件下，应积极开展实验动物替代方法的研究与应用，尽量减少实验动物的使用数量，尽量降低非人道方法的使用频率或危害程度，同时尽可能保障动物处于舒适、健康、快乐等自然生活状态的“五项自由”[12]。

实验动物的保定、麻醉镇痛、手术解剖、术后护理、仁慈终点、安死术等操作应科学合理，最大限度地满足动物福利要求。

7. 动物运输

运输动物应符合《实验动物 环境及设施》（GB 14925—2023）的要求，保证运输全过程动物的安全、舒适、自由呼吸、适宜饮食及休息。

8. 职业健康与安全

实验动物从业单位应有完整的职业健康、安全管理规定和技术操作规范，并负责对从业人员进行有针对性的职业健康、生物安全的技术培训，配备安全防护设备。

根据设施的主要安全风险，如人畜共患病、有毒有害的化学制剂和生物制剂、放射性危险、过敏原、特殊的危险性实验操作、动物的攻击和伤害等，开展风险评估和审查。制定有效的突发事件应急处置预案，并组织实操演练[12]。

当有生物安全危险因素可能产生危害时应采取适当的生物封存和生物

排斥措施，确保人员和动物的健康，并采取适当的措施防止危险的扩散和确保公共环境的安全。

（三）审查程序

1. 申请材料

项目开始前，项目负责人应向伦理委员会提交正式的伦理审查表和相关的举证材料。

2. 实施方案审查

在接到有关项目申报材料后，伦理委员会按照审查规则做出福利伦理审查决议。

3. 实施过程检查

伦理委员会对批准项目的实际执行情况及偏差进行日常检查，发现问题时应提出整改意见，严重的应立即做出暂停实验动物项目的决议。

经审查通过的项目应按照原批准的方案实施。任何涉及实验动物的重大变更的部分，均应在实施前重新申请审查，并且批准项目书应明确相关人员对项目应负的主要责任[12]。

4. 终结审查

项目结束时，项目负责人应向伦理委员会提交该项目伦理回顾性终结报告，接受项目的伦理终结审查[12]。

参考文献

[1] 中共中央办公厅，国务院办公厅. 关于加强科技伦理治理的意见［EB/OL］.（2022-03-21）. https://www.most.gov.cn/xxgk/xinxifenlei/fdzdgknr/fgzc/gfxwj/gfxwj2022/202203/t20220321_179899.html.

[2] 科技部，教育部，工业和信息化部，等. 关于印发《科技伦理审查办法（试行）》的通知［EB/OL］.（2023-10-08）. https://www.most.gov.cn/xxgk/xinxifenlei/fdzdgknr/fgzc/gfxwj/gfxwj2023/202310/t20231008_188309.html.

[3] 国家卫生健康委员会，教育部，科技部，等. 关于印发涉及人的生命科学和医学研究伦理审查办法的通知［EB/OL］.（2023-02-18）. https://www.gov.cn/zhengce/zhengceku/2023-02/28/content_5743658.htm.

[4] 杨忠奇，洪明晃．药物临床试验实践与共识［M］．北京：中国医药科技出版社，2020：20－51．

[5] 白胜，李媛媛，李晓彦，等．药物临床试验 伦理审查·广东共识（2020 年版）［J］．今日药学，2020，30（12）：802－806．

[6] 国家卫生和计划生育委员会．涉及人的生物医学研究伦理审查办法［EB/OL］．（2016－10－12）．http://www. nhc. gov. cn/fzs/s3576/201610/84b33b81d8e747eaaf048f68b174f829. shtml.

[7] 国家药品监督管理局，国家卫生健康委员会．关于发布药物临床试验质量管理规范的公告［EB/OL］．（2020－04－26）．https://www. nmpa. gov. cn/xxgk/fgwj/xzhgfxwj/20200426162401243. html.

[8] 国家卫生和计划生育委员会，国家食品药品监督管理总局．干细胞临床研究管理办法（试行）［EB/OL］．（2015－03－27）．http://www. nhc. gov. cn/qjjys/s3582/201503/ad9098ef20ba4162bafc743133e799f6. shtml.

[9] 国家卫生健康委员会．医疗卫生机构开展研究者发起的临床研究管理办法（试行）［Z］．2021．

[10] 国家卫生健康委员会医学伦理专家委员会办公室，中国医院协会．涉及人的临床研究伦理审查委员会建设指南（2023 版）［Z］．2023．

[11] 北京大学生物医学伦理委员会．实验动物福利伦理分会关于发布《北京大学动物实验方案伦理审查办法》的通知［EB/OL］．（2008－03－18）．https://research. bjmu. edu. cn/llwyh/llwyh_fgwj/index. html.

[12] 中华人民共和国国家质量监督检验检疫总局，中国国家标准化管理委员会，全国实验动物标准化技术委员会．实验动物 福利伦理审查指南［S/OL］．（2018－02－06）．https://openstd. samr. gov. cn/bzgk/gb/newGbInfo?hcno＝9BA619057D5C13103622A10FF4BA5D14.

[13] 中华人民共和国科学技术部．关于发布《关于善待实验动物的指导性意见》的通知［EB/OL］．（2006－09－30）．https://www. most. gov. cn/xxgk/xinxifenlei/fdzdgknr/fgzc/gfxwj/gfxwj2010before/201712/t20171222_137025. html.

[14] 科学技术部，卫生部，教育部，等．关于发布《实验动物许可证管

理办法（试行）》的通知［EB/OL］.（2001－12－05）. https://www.most.gov.cn/xxgk/xinxifenlei/fdzdgknr/fgzc/gfxwj/gfxwj2010before/201712/t20171227_137230.html.
［15］中华人民共和国国家科学技术委员会. 关于发布《实验动物管理条例》的公告［EB/OL］.（2017－03－01）. https://www.gov.cn/gongbao/content/2017/content_5219148.htm.

第四章　人类遗传资源规范管理

人类遗传资源是重要的战略资源，人类遗传资源保护是关乎我国生物医药行业的可持续发展、使我国在国际竞争中掌握主动权的核心要素，更是维护国家生物安全的重中之重。党的十八大以来，党中央把加强生物安全建设摆在更加突出的位置，纳入国家安全战略。习近平总书记在主持中共中央政治局第三十三次集体学习时指出，生物安全是国家总体安全的重要组成部分，并强调加强国家生物安全风险防控和治理体系建设，提高国家生物安全治理能力，切实筑牢国家生物安全屏障。在党的二十大报告中，习近平总书记再次强调和指出了加强生物安全管理的重要性。

人类遗传资源在生物医学领域、人类起源探索等方面有重要的价值，随着我国持续扩大对外开放，生命科学、医学研究的快速发展，医学研究领域的国际合作也日益紧密。保护人类社会赖以生存的遗传资源是实施可持续发展战略、构建和谐社会的重要内容之一，也是推动生命科学研究不断发展的重要基础[1,2]。如何保护和合理利用我国人类遗传资源已成为国家生物安全管理的重要问题。目前，针对我国人类遗传资源管理的法规主要有《中华人民共和国人类遗传资源管理条例》（国令第 717 号，以下简称《条例》）、《人类遗传资源管理条例实施细则》（科学技术部令第 21 号，以下简称《实施细则》）、《中华人民共和国生物安全法》及《中华人民共和国刑法修正案（十一）》。

相关法规明确要求，在我国采集、保藏、利用、对外提供我国人类遗传资源，应当遵守相关法律法规。同时，行政主管部门通过开展日常监督检查、重点监督检查和专项监督检查等差异化分类监督机制，建立健全行政执法机制。这对在高校、医疗机构开展涉及人类遗传资源的科学研究提出了更高的要求，所有符合《条例》规定申报范畴的研究项目均应严格按照《条例》规定开展实施。

本章首先介绍我国人类遗传资源管理相关法律法规，然后重点介绍人类遗传资源行政许可事项适用范围、人类遗传资源行政许可事项申报管理、相关注意事项及生物样本的收集与利用。要求学生掌握人类遗传资源行政许可申报类型，熟悉各申报类型的适用范围及人类遗传资源材料的收集与利用要求，了解人类遗传资源行政许可事项申报流程。

第一节 人类遗传资源管理相关法律法规

人类遗传资源包括人类遗传资源材料和人类遗传资源信息。人类遗传资源材料是指含有人体基因组、基因等遗传物质的器官、组织、细胞等遗传材料。人类遗传资源信息是指利用人类遗传资源材料产生的数据等信息资料，包括利用人类遗传资源材料产生的人类基因、基因组数据等信息资料，但不包括临床数据、影像数据、蛋白质数据和代谢数据[3]。

我国是一个多民族的人口大国，全国人口总数在全球总人口数中的占比高达22%。基于我国多民族、多人口的特征，我国人类遗传资源相较其他大部分国家更为丰富，这也有助于研究人员更好地对人类进化、基因多样性及致病基因进行深入研究。但人类遗传资源的分布、研发技术水平与应用在各国之间存在明显的不平衡性。资源相对贫乏的发达国家利用其在经济和技术上的优势，采取合作研究、出资购买，甚至秘密窃取、非法窃取等方式非法收集和攫取我国的人类遗传资源。为有效保护和合理利用我国人类遗传资源，维护公众健康、国家安全和社会公共利益，自2013年起，科技部主管部门在《人类遗传资源管理暂行办法》的基础上先后发布了《科技部关于进一步加强人类遗传资源管理工作的通知》《人类遗传资源采集、收集、买卖、出口、出境审批行政许可事项服务指南》等文件以加强对我国人类遗传资源的规范和管理。2019年5月，国务院发布《中华人民共和国人类遗传资源管理条例》，并于2019年7月1日开始实施，这也是我国人类遗传资源管理领域的现行法规。2023年5月11日，科技部第3次部务会审议通过《人类遗传资源管理条例实施细则》，自2023年7月1日起施行。《人类遗传资源管理条例实施细则》以相关法律为基础，以问题和实际需求为导向，使《条例》得以细化落实。目前，针对我国人类遗传资源管理的法规主要有《中华人民共和国人类遗传资源管理条例》《中华人民共和国生物安全法》《中华人民共和国刑法修正案（十一）》及《人类遗传资源管理条例实施细则》。

一、《中华人民共和国人类遗传资源管理条例》

《中华人民共和国人类遗传资源管理条例》于2019年3月20日国务院第41次常务会议通过，共六章，四十七条，自2019年7月1日起施行。内容涵盖总则、采集和保藏、利用和对外提供、服务和监督、法律责任、附则等，对在我国采集、保藏、利用、对外提供我国人类遗传资源的行为进行了全方位的规范，对违反相关规定需要承担的责任进行了详细、明确的规定。

二、《中华人民共和国生物安全法》

2020年10月17日，第十三届全国人民代表大会常务委员会第二十二次会议表决通过了《中华人民共和国生物安全法》，是《条例》的上位法，内容涵盖十章，八十八条，自2021年4月15日起施行。其中，第六章“人类遗传资源与生物资源安全”除涉及人类遗传资源安全管理外，还涉及生物资源安全管理，人类遗传资源安全管理措施基本沿用了《条例》的相关规定，而生物资源安全管理虽仅有概括性规定，但也已设置了相应的审批、备案制度。

三、《中华人民共和国刑法修正案（十一）》

《中华人民共和国刑法修正案（十一）》由第十三届全国人民代表大会常务委员会第二十四次会议于2020年12月26日表决通过，自2021年3月1日起施行。《刑法修正案（十一）》新增条文十三件，修改条文三十四条。

本次修订在刑法第三百三十四条后增加一条，作为第三百三十四条之一：“违反国家有关规定，非法采集我国人类遗传资源或者非法运送、邮寄、携带我国人类遗传资源材料出境，危害公众健康或者社会公共利益，情节严重的，处三年以下有期徒刑、拘役或者管制，并处或者单处罚金；情节特别严重的，处三年以上七年以下有期徒刑，并处罚金。”在刑法第三百三十六条后增加一条，作为第三百三十六条之一：“将基因编辑、克隆的人类胚胎植入人体或者动物体内，或者将基因编辑、克隆的动物胚胎植入人体内，情节严重的，处三年以下有期徒刑或者拘役，并处罚金；情节特别严重的，处三年以上七年以下有期徒刑，并处罚金。”首次将人类遗传资源违规出境及非法基因编辑行为上升到刑事犯罪的高度，可见国家保护我国人类遗传资源的决心。

四、《人类遗传资源管理条例实施细则》

《人类遗传资源管理条例实施细则》自 2023 年 7 月 1 日起施行。《人类遗传资源管理条例实施细则》以《中华人民共和国生物安全法》《中华人民共和国行政许可法》《中华人民共和国行政处罚法》《中华人民共和国科学技术进步法》等相关法律为基础，以问题和实际需求为导向，细化落实《条例》。主要体现在：①贯彻落实《中华人民共和国生物安全法》《条例》等法律法规，依法行政、履职尽责，科学、严谨、高效地开展人类遗传资源管理；②明确中央和地方在人类遗传资源管理方面的职责，推动建立一体化的监督管理机制；③明晰管理界限，深化“放管服”改革，强化关键环节管控，在坚决维护国家生物安全的前提下，该管的坚决管住、该放的切实放开；④实现制度实施的可及性，完善行政许可、备案、安全审查各个环节的程序性规定，强化监督检查和行政处罚的具体措施，依法依规保障人类遗传资源管理工作的高效运作。

涉及采集、保藏、利用、对外提供我国人类遗传资源的科研人员应充分领会人类遗传资源管理的目的和意义。熟悉相关政策法规，了解申请范围和要求，根据研究项目情况及时向科技部人类遗传资源管理办公室提出行政许可事项申请，真正做到知法守法，有效保护和合理利用我国人类遗传资源。

第二节　人类遗传资源行政许可事项申请类型及适用范围*

参照《条例》及相关行政许可事项服务指南相关规定，目前涉及人

* 本节内容参考文献［3］和［4］。

类遗传资源研究行政许可审批事项申请主要包括“四个审批、一个备案、一个事先报告、一个申报登记”，共七种申请类型。“四个审批”指中国人类遗传资源采集审批、中国人类遗传资源国际科学研究合作审批、中国人类遗传资源保藏审批（保藏技术规范）、中国人类遗传资源材料出境审批。“一个备案”指中国人类遗传资源国际合作临床试验备案。“一个事先报告”指中国人类遗传资源信息对外提供或开放使用事先报告。“一个申报登记”指科学技术部重要遗传家系和特定地区人类遗传资源申报登记。外国组织、个人及其设立或者实际控制的机构（即外方单位）不得在我国境内采集、保藏我国人类遗传资源。然而，为临床诊疗、采供血服务、查处违法犯罪、兴奋剂检测和殡葬等活动需要，利用中国人类遗传资源开展采集、国际合作、保藏、对外提供人类遗传资源材料活动，依照相关法律、行政法规规定执行则不在《条例》的适用范围内。

一、中国人类遗传资源采集审批（以下简称采集审批）

采集审批适用于在我国境内开展的中国人类遗传资源采集活动，包括重要遗传家系人类遗传资源采集活动、特定地区人类遗传资源采集活动和用于大规模人群研究且大于3000例的人类遗传资源采集活动的规范和管理。所称人类遗传资源包括人类遗传资源材料和人类遗传资源信息。

重要遗传家系人类遗传资源是指患有遗传性疾病、具有遗传性特殊体质或者生理特征的有血缘关系的群体，且该群体中患有遗传性疾病、具有遗传性特殊体质或者生理特征的成员涉及三代或者三代以上，高血压、糖尿病、红绿色盲、血友病等常见疾病不在此列。

特定地区人类遗传资源是指在隔离或者特殊环境下长期生活，并具有特殊体质特征或者在生理特征方面有适应性性状发生的人类遗传资源。特定地区不以是否为少数民族聚居区为划分依据。

大规模人群研究且大于3000例的人类遗传资源采集活动包括但不限于队列研究、横断面研究、临床研究、体质学研究等。为获得相关药品和医疗器械在我国上市许可的临床研究涉及的采集活动不在此列，无须申报采集审批。

二、中国人类遗传资源国际科学研究合作审批（以下简称国际科学研究合作审批）

国际科学研究合作审批适用于境外组织及境外组织、个人设立或者实际控制的机构（以下称为外方单位）与我国科研机构、高等学校、医疗机构、企业（以下称为中方单位）利用我国人类遗传资源开展国际科学研究合作的规范和管理。

人类遗传资源材料包括所有类型细胞、全血、组织/组织切片、精液、脑脊液、胸/腹腔积液、血/骨髓涂片、毛发（带毛囊）等，其他不含细胞的人体分泌物、体液、拭子等无须申报。

人类遗传资源信息包括基因、基因组、转录组、表观组及 ctDNA 等核酸类生物标志物等数据信息，以及与此数据相关的疾病、人种等关联信息，其他不含人类遗传资源基因信息的数据类型无须申报。

三、中国人类遗传资源保藏审批（以下简称保藏审批）

人类遗传资源保藏活动是指将来源合法的人类遗传资源保存在适宜的环境条件下，保证其质量和安全，用于未来科学研究的行为。不包括以教学为目的、在实验室检测后按照法律、法规要求或临床研究方案约定的临时存储行为。保藏审批适用于对在中国境内从事中国人类遗传资源保藏活动、为科学研究提供基础平台的事项的规范和管理。

四、中国人类遗传资源材料出境审批

中国人类遗传资源材料出境审批适用于对利用中国人类遗传资源开展国际合作科学研究，或者因其他特殊情况确须将中国人类遗传资源材料运送、邮寄、携带出境的规范和管理。

五、中国人类遗传资源国际合作临床试验备案（以下简称国际合作临床试验备案）

为获得相关药品和医疗器械在我国上市许可，在临床医疗卫生机构利用我国人类遗传资源开展国际合作临床试验，不涉及人类遗传资源材料出境，不需要批准，但应当符合下列情况之一，并在开展临床试验前将拟使用的人类遗传资源种类、数量及其用途向科技部备案：

（1）涉及的人类遗传资源采集、检测、分析和剩余人类遗传资源材料处理等在临床医疗卫生机构内进行。

（2）涉及的人类遗传资源在临床医疗卫生机构内采集，并由相关药品和医疗器械上市许可临床试验方案指定的境内单位进行检测、分析和剩余样本处理。

上述所称临床医疗卫生机构是指在我国相关部门备案，依法开展临床试验的医疗机构、疾病预防控制机构等。

六、中国人类遗传资源信息对外提供或开放使用事先报告（以下简称信息对外提供或开放使用事先报告）

将人类遗传资源信息向境外组织、个人及其设立或者实际控制的机构提供或者开放使用，中方信息所有者应当向科技部事先报告并提交信息备份。

申请单位获得登记号后，即可将人类遗传资源信息向境外组织、个人及其设立或者实际控制的机构提供或开放使用。

七、科学技术部重要遗传家系和特定地区人类遗传资源申报登记

单位或个人发现重要遗传家系和特定地区人类遗传资源的，须向科技部申报登记重要遗传家系和特定地区人类遗传资源，应登录人类遗传资源申报登记系统，填写“重要遗传家系和特定地区人类遗传资源申报登记表”进行申报登记。

第三节 人类遗传资源管理案例及行政许可申报、过程管理常见问题

在《条例》的总体要求下，采集、保藏、利用、对外提供我国人类遗传资源的单位应当加强管理制度建设，对涉及人类遗传资源开展科学研究的目的和研究方案等事项进行审查，确保人类遗传资源合法使用。

但在实践中，也不乏因人类遗传资源管理意识淡薄而导致违反相关法规要求的情况。

案例 1 某医院与国外某大学合作开展中国女性单相抑郁症的大样本病例对照研究，该研究涉及利用中国人类遗传资源开展国际科学研究合作，但该医院未经许可将部分人类遗传资源信息从网上传递出境。科技部主管部门发现该情形后责令该院销毁研究工作中所有未出境的遗传资源材料及相关研究数据，并自决定书送达之日起停止该医院涉及我国人类遗传资源的国际合作，整改验收合格后，再行开展。

案例 2 A 企业未经许可将已获批项目的剩余样本转运至 B 企业实验室，开展超出审批范围的试剂盒研究开发科研活动。科技部主管部门发现该情形后对 A 企业进行警告并没收、销毁违规利用的人类遗传资源材料，撤销 A 企业已取得的两项行政许可。自决定书送达之日起停止受理 A 企业涉及中国人类遗传资源国际合作活动申请，整改验收合格后，再进行受理。同时对涉及该情况的 B 企业也进行了处罚。

由以上案例可见科技主管部门对规范我国人类遗传资源管理的决心。同时，对于着力开展创新科学研究的机构、企业而言，处罚力度之大、影响范围之深远，使其不得不高度重视。

研究机构作为人类遗传资源管理的基层单位应提高认识，设立相应的管理部门，研究国家政策、规范申报流程、落实过程管理，通过政策宣讲，强化科研人员的国家生物安全观念，树立风险意识，真正做到对我国人类遗传资源的有效保护和监管。

一、高校、研究机构人类遗传资源管理主管部门

高校、研究机构应设立人类遗传资源管理主管部门（以下简称人遗

主管部门）。人遗主管部门可为独立管理部门，也可为医学伦理委员会、药物临床试验机构办公室或科教科兼管，并由专人负责。

人遗主管部门的主要职能包括但不限于以下内容：

（1）建立适合本单位特点的人类遗传资源管理制度和标准操作规程，并紧跟政策要求进行修订；管理制度和标准操作规程应明确人类遗传资源行政许可申请范围及所需资料，明确本单位人类遗传资源管理要求及相关申报指引。

（2）中华人民共和国科学技术部人类遗传资源服务系统单位法人账号及本单位研究人员自然人账号管理。

（3）对项目申请内容及申请资料进行真实性、合规性审核。

（4）参加科技部组织的对从事人类遗传资源采集、保藏、利用、对外提供等活动的科研人员和相关部门管理人员的培训，增强法律意识和责任意识，提升管理服务能力。

（5）配合接受上级主管部门（如科技部、省科技厅、海关等部门）的检查及管理要求。对检查中存在的问题积极整改与反馈。

（6）培训本单位研究人员，将政策法规和知识要点宣传到项目负责人，使从事生命科学和医学研究的广大科研人员充分领会人类遗传资源管理的目的和意义。督促和引导项目负责人在开展课题前向科技部中国生物技术发展中心提出申请报批，防止漏报。

采取有效措施确保涉及人的科学研究中人类遗传资源管理的规范化、标准化和系统化，使人类遗传资源管理的各项要求得到贯彻落实，杜绝人类遗传资源流失对我国生物安全形成的隐患。

二、研究机构人类遗传资源行政许可申请流程及管理要点

（一）科学技术部人类遗传资源服务系统研究人员自然人账号建立及管理

高校、研究机构应设置专人负责科学技术部人类遗传资源服务系统单位法人账号管理。研究负责人的自然人账号由个人申请，通过实名认证后，由单位法人账号管理员给予授权后方可使用。

（二）人类遗传资源行政许可申请流程

1．研究机构初始审查

（1）初始审查基本原则。利用我国人类遗传资源开展国际科学研究合作，应当保证中方单位及其研究人员全过程、实质性地参与研究，依法分享相关权益。国际科学研究合作过程中，利用我国人类遗传资源产生的所有记录及数据信息等应当完全向中方单位开放，并向中方单位提供备份。

（2）初始审查申请及评估由研究项目组提出申请，单位人遗主管部门根据项目具体情形协助评估判定该项目符合哪些类型的行政许可事项。一项研究可能同时符合“四个审批、一个备案、一个事先报告、一个申报登记”中的一个或多个行政许可事项，应同时进行相应申请。

2．确定申请填报单位

参照审批行政许可事项服务指南要求，国际科学研究合作审批、国际合作临床试验备案经合作各方协商后，可通过研究机构项目负责人账号或研究申办者账号进行申报。采集审批、保藏审批、信息对外提供或开放使用事先报告只允许中方单位进行申报。

3．研究机构申请资料审查

研究机构申请资料审查主要关注于合作各方资质，参与的医疗机构是否为中方单位，申请书中各项内容与研究方案、各方协议、知情同意书等是否一致，合作各方是否已对申请材料信息的真实性、准确性、完整性作出承诺，等等。

4．科学技术部人类遗传资源服务系统填报

研究机构作为填报单位时，由单位管理员登录法人账户创建项目，然后项目负责人或其指定代表人登录科技部人类遗传资源服务系统（网址为 https://apply. hgrg. net）在线填报申请材料。申请材料填报完成，通过单位人遗主管部门审核后提交科技部开始形式审查流程。申办者作为填报单位时，系统填报工作由申办者遗传办管理团队完成。

5．网上预受理

以上各类型申报电子申请材料通过网上平台接收，平台网址为 https://www. hgrg. net/login。科技部收到申请单位在线提交的电子版申请材料后，一般在 5 个工作日内完成对申请材料完整性和形式的预审查。申请材料不齐全或不符合要求的，不通过预审查，通过网上平台一次性告知申请单位需要补正的全部内容。

6. **审批结果及批件**

审批结果在科学技术部网站公示。科技部在10个工作日内通过邮寄或电子送达方式将审批决定书送达申请单位指定的地址或邮箱/网址，同时抄送省级科技行政部门，申请单位可在申报系统查询送达状态。研究机构应关注批件寄送情况，及时查收避免遗失。

7. **网络申请平台**

涉及中国人类遗传资源信息对外提供或开放使用事先报告的申请，申请单位须使用网上平台（网址为 https://www.hgrg.net/login）账号（法人账号）登录备份平台（网址为 https://ngdc.cncb.ac.cn/hgrip）提交信息备份，并确定备份成功，获得信息备份号。

申请单位管理员（法人账号）登录网上平台新建项目，并授权申请人（自然人账号），由申请人登录网上平台并填报该项目。申请人完成填报，提交单位管理员审核无误后生成申请材料，直接下载并上传签字盖章的审核意见，单位管理员再提交正式申请。

8. **参与单位管理**

本单位作为研究项目的参与单位时，在组长单位获得备案号/人类遗传资源行政许可批件后，将本单位伦理审查认可或同意的批件及承诺书上传至人类遗传资源服务系统，即可开展研究。本单位作为牵头单位时，在科学技术部人类遗传资源服务系统公示通过审批后，即可开始收集各参与单位的承诺书、伦理批件、知情同意书等，并将上述材料上传至人类遗传资源服务系统。

研究开展中应关注各参与单位的项目开展进度，避免发生超出批准范围问题。

9. **变更申报**

开展国际科学研究合作过程中，研究目的、研究内容发生变更，研究方案涉及的人类遗传资源种类、数量、用途发生变更，或者申办方、组长单位、合同研究组织、第三方实验室等其他重大事项发生变更的，被许可人应当向科技部提出变更申请。

取得人类遗传资源国际科学研究合作行政许可后，出现下列情形的，被许可人不需要提出变更申请，但应当向科技部提交事项变更的书面说明及相应材料：

（1）研究内容或者研究方案不变，仅涉及总量累计不超过获批数量10%变更的。

（2）除申办方、组长单位、合同研究组织、第三方实验室以外的参与单位发生变更的。

（3）合作方法人单位名称发生变更的。

（4）研究内容或者研究方案发生变更，但不涉及人类遗传资源种类、数量、用途的变化或者变更后内容不超出已批准范围的。

特别说明如下：

（1）申请单位提交非重大事项的材料后，科技部对申报材料进行形式审核，确认是否属于非重大变更范畴，符合要求的予以接收，不符合要求的予以退回。

（2）非重大事项变更总量累积不超过10%是指已获批总量的基础上累积增加不超过10%。对于涉及增加新的人类遗传资源类型，按重大事项变更申报；不同人类遗传资源类型有一种总量变化累计超过10%，按重大事项变更申报。减少已获批人类遗传资源数量或人类遗传资源单位规格变小等情况，无须申报。

（3）多次非重大事项变更后，导致变更量超过最初审批量10%，在超过最初获批量10%的当次变更申报时，应将历次所有非重大变更量累加后，按重大事项变更申报。

国际合作临床试验完成备案后，涉及的人类遗传资源种类、数量、用途发生变更，或者合作方、研究方案、研究内容、研究目的等重大事项发生变更的，备案人应当及时办理备案变更。

研究方案或者研究内容变更不涉及人类遗传资源种类、数量、用途变化的，不需要办理备案变更，但应当在变更活动开始前向科技部提交事项变更的书面说明及相应材料。

10. 科学技术部重要遗传家系和特定地区人类遗传资源申报登记

研究机构在工作中发现重要遗传家系和特定地区人类遗传资源时，须向科技部申报登记重要遗传家系和特定地区人类遗传资源。应登录人类遗传资源申报登记系统，填写“重要遗传家系和特定地区人类遗传资源申报登记表”进行申报登记。

11. 合作研究情况报告

取得国际科学研究合作行政许可，或者完成国际合作临床试验备案的合作双方，应当在行政许可或者备案有效期限届满后6个月内，共同向科技部提交合作研究情况报告。

（三）研究机构开展人类遗传资源采集、国际科学研究合作等活动应具备或符合条件审查要点[5]

1. 申请开展中国人类遗传资源采集活动应具备或符合的条件

（1）具有法人资格。

（2）采集目的明确、合法。

（3）采集方案合理。

（4）通过伦理审查。

（5）具有负责人类遗传资源管理的部门和管理制度。

（6）具有与采集活动相适应的场所、设施、设备和人员审批条件。

2. 申请开展中国人类遗传资源保藏活动应具备或符合的条件

（1）具有法人资格。

（2）保藏目的明确、合法。

（3）保藏方案合理。

（4）拟保藏的人类遗传资源来源合法。

（5）通过伦理审查。

（6）具有负责人类遗传资源管理的部门和保藏管理制度。

（7）具有符合国家人类遗传资源保藏技术规范和要求的场所、设施、设备和人员。

3. 申请利用中国人类遗传资源开展国际科学研究合作应具备或符合的条件

（1）对我国公众健康、国家安全和社会公共利益没有危害。

（2）合作双方为具有法人资格的中方单位、外方单位，并具有开展相关工作的基础和能力。

（3）合作研究目的和内容明确、合法，期限合理。

（4）合作研究方案合理。

（5）拟使用的人类遗传资源来源合法，种类、数量与研究内容相符。

（6）通过合作双方各自所在国（地区）的伦理审查。外方单位确无法提供所在国（地区）伦理审查证明材料的，可以提交外方单位认可中方单位伦理审查意见的证明材料。

（7）研究成果归属明确，有合理明确的利益分配方案。

4. 国际合作临床试验备案申请要求

国际合作临床试验备案应当由中方单位和外方单位共同申请。合作各方应当对申请材料信息的真实性、准确性、完整性作出承诺。拟开展的人类遗传资源国际合作涉及多中心临床研究的，不得拆分后申请备案。

开展多中心临床研究的，组长单位通过伦理审查后即可由申办方或者组长单位申请备案。申办方或者组长单位完成备案后，参与临床研究的医疗卫生机构将本单位伦理审查批件，或者认可组长单位所提供伦理审查批件的证明材料及本单位出具的承诺书提交科技部，即可开展国际合作临床研究。

5. 申请将中国人类遗传资源材料运送、邮寄、携带出境应具备或符合的条件

（1）研究项目对我国公众健康、国家安全和社会公共利益没有危害。

（2）具有法人资格。

（3）有明确的境外合作方和合理的出境用途。

（4）人类遗传资源材料采集合法或者来自合法的保藏机构。

（5）通过伦理审查。

（6）申请中国人类遗传资源信息对外提供或开放使用事先报告应由具有法人资格的中方单位作为申请单位。

三、涉及人的医学研究开展中人类遗传资源管理要点

研究机构在开展采集、保藏、利用、对外提供我国人类遗传资源活动的过程中应贯彻落实执行《条例》的相关规定。采取有效、可行的管理措施，确保本单位药物临床试验项目在获得行政许可/备案后才启动开展，同时关注研究过程中人类遗传资源的采集、利用、对外提供等情况是否与已获批的内容一致，是否规范采集和利用人类遗传资源，是否存在超出审批范围开展人类遗传资源相关活动的情况，人类遗传资源信息管理是否规范等[6]。

（1）涉及人类遗传资源相关活动并符合《条例》及相关政策文件要求须申请遗传办行政许可/备案的研究项目，均须获得人类遗传资源行政许可/备案后方可正式启动开展。

（2）人类遗传资源保藏单位应当依据《条例》第十五条规定，于每年1月31日前向科技部提交上一年度本单位保藏人类遗传资源情况年度报告。获得保藏行政许可不足一年的，应当在下一年度一并填报。年度报告应当载明下列内容：①保藏的人类遗传资源情况；②人类遗传资源来源信息和使用信息；③人类遗传资源保藏相关管理制度的执行情况；④本单位用于保藏人类遗传资源的场所、设施、设备的维护和变动情况；⑤本单位负责保藏工作的主要管理人员变动情况。

（3）在采集、利用我国人类遗传资源开展国际合作科学研究过程中，合作方、研究目的、研究内容、合作期限等重大事项发生变更的，应当办理变更审批手续。

（4）对于已获批利用中国人类遗传资源开展国际合作涉及变更的项目，获得变更审批决定前可按照原获批事项开展研究，变更的事项在获得同意变更审批决定后方可开展。对于正在进行的临床试验项目，若合作方单位性质变为外方单位，应先暂停项目，立即启动申请国际合作科学研究审批，待国际合作科学研究审批获批后，方可继续开展。

（5）研究项目涉及生物样本出境的临床试验项目在研究过程中产生的生物样本出境前应进行中国人类遗传资源材料出境审批申报，获得“人类遗传资源材料出口、出境证明”并通过有管辖权的海关审查后，生物样本方可离境。

（6）涉及人类遗传资源材料出境的项目，研究机构为组长单位的，取得“中国人类遗传资源材料出境证明”“中国人类遗传资源材料出境审批决定书”后，人类遗传资源材料即可办理报关出境。研究机构为参与单位时，每批次人类遗传资源材料出境后，应尽快到研究机构人遗主管部门备案。

（7）中国人类遗传资源信息对外提供或开放使用事先报告获得登记号后，即可将人类遗传资源信息向境外组织、个人及其设立或者实际控制的机构提供或开放使用。登记号等相关资料事先报告证明材料应递交研究机构主管部门备案。

（8）向境外组织、个人及其设立或者实际控制的机构提供或者开放使用人类遗传资源信息向科技部事先报告后，用途、接收方等事项发生变更的，应当在变更事项实施前向科技部提交事项变更报告。

（9）研究机构人类遗传资源管理主管部门根据药物临床试验项目进展情况，在研究项目开展过程中进行人类遗传资源管理合规性检查，对项目可能存在的风险进行评估，并采取风险控制措施，以确保人类遗传资源利用合法合规，现行的人类遗传资源管理措施有效、适用。

（10）研究机构单位或个人发现重要遗传家系和特定地区人类遗传资源时，应登录人类遗传资源申报登记系统进行申报登记，并将相关资料递交主管部门备案。

（11）研究机构人类遗传资源管理主管部门应及时关注《条例》《人类遗传资源管理条例实施细则》及相关法规要求，参加官方（如科技部中国生物技术发展中心、省科技厅等）举办的人类遗传资源管理培训，并定期在研究机构内部对相关研究人员进行培训。

四、研究机构涉及人的医学研究结题中人类遗传资源管理要点

按照《条例》第二十六条规定，取得国际科学研究合作行政许可的合作双方，应当在行政许可有效期限届满后6个月内，共同向科技部提交合作研究情况报告。

五、人类遗传资源行政许可审批和备案申请常见问题解答[7]

（一）采集、保藏行政许可

（1）长期大规模队列研究是否需要同时申报采集许可和保藏许可？

答：不需要。有具体研究目的的项目申报采集即可，但样本若需长期存放，则应存储于获批的保藏库。

（2）使用已获批保藏许可的人类遗传资源，是否还需要申报采集许可？

答：不需要。

（3）对于同时符合采集许可和国际科学研究合作许可/国际合作临床

试验备案范围的项目，应如何申请？

答：仅申报国际科学研究合作许可/国际合作临床试验备案即可。

（4）已获批采集或保藏许可如发生事项名称变更，应如何申请？

答：根据《实施细则》第四十四条、四十五条要求，采集、保藏许可事项名称变更的按照重大事项变更流程进行申请。

（5）申请采集样本量是否需要与研究方案内容保持一致？

答：需要。若不一致，则须作出相关合理说明，明确不一致原因。

（6）在采集许可申请获得同意后，参与医疗卫生机构是否需要提交伦理审查批件和承诺书至科技部？

答：参与医疗卫生机构在采集活动获得许可后，将本单位伦理审查批件或认可已获批采集许可单位所提供伦理审查批件的证明材料及本单位出具的承诺书提交至科技部，即可开展采集。

（二）国际合作行政许可与备案

（1）国际合作剩余样本应如何处理？

答：对于仍有研究价值的剩余样本，原则上可返还人类遗传资源样本提供方；或按照申报时提交的暂存地点和时间暂存一定期限后，按相关规范予以销毁。

（2）临床试验中，申办方、合同研究组织等合作各方均为中方单位，只有临床试验电子数据采集系统供应商是外方单位，是否需要申请国际合作？

答：不需要。

（3）以上市为目的的临床试验申办方是否需要与临床试验的批件、通知书或备案公布材料的申请方保持一致？

答：需要。如果临床试验申办方与临床试验的批件、通知书或备案公布材料的申请方不一致，在填报国际合作申请书时，需要提交相关协议等证明材料作为附件，明确各自权责。

（4）正在进行的临床试验项目，因合作方单位性质变为外方单位，是否需要申请国际合作？

答：需要申请国际合作，应先暂停项目，待国际科学研究合作获批或国际合作临床试验备案取得备案号后方可继续开展。

（5）利用我国人类遗传资源开展的科学研究，外方资助但无实质性参与，是否需要申报国际科学研究合作行政许可/国际合作临床试验备案？

答：此类科学研究外方无实质性参与，不获取研究相关数据信息，研究成果与外方不共享（如外资制药企业仅为医疗机构的研究者提供临床研究用药或部分研究经费资助，而不分享研究成果），则不纳入利用我国人类遗传资源开展的国际合作管理，不需要申报国际科学研究合作行政许可/国际合作临床试验备案。

（6）项目已进行国际合作临床试验备案，但因条件改变须转为国际科学研究合作行政许可，应如何办理？

答：应当及时暂停备案的国际合作研究内容，申请国际科学研究合作许可时在其他证明材料中上传总结说明，待获得国际科学研究合作行政许可后，再开展相应研究内容。

（7）既往已获批的国际科学研究合作项目符合国际合作临床试验备案的，应如何处理？

答：仅待项目需要进行变更时，重新按照变更后的整体内容办理国际合作临床试验备案。

（8）国际合作中其他单位主要是指哪些单位？

答：国际合作中其他单位是指申办方、组长单位、合同研究组织、第三方实验室、参与医疗卫生机构以外可接触到管理范围内的人类遗传资源材料或信息进行实质性参与的相关单位。

（9）在申请国际科学研究合作行政许可时，单位性质为外方的合同研究组织、第三方实验室是否需要提供所在国（地区）伦理审查证明材料？

答：不需要。

（10）国际科学研究合作行政许可和国际合作临床试验备案中需要提交的国际合作协议包括哪些？

答：国际合作协议包括申办方、组长单位、合同研究组织、第三方实验室及其他单位的相关协议，其中申请国际科学研究合作行政许可的申办方、组长单位、合同研究组织、第三方实验室需要提供相互关联的中文签字盖章协议；国际合作临床试验备案中需要全部合作单位（申办方、组长单位、合同研究组织、第三方实验室和其他单位）提供中文签字盖章版协议。

（11）国际合作临床试验备案中的分析单位应如何理解？

答：国际合作临床试验备案中的分析单位是指涉及人类遗传资源基因信息或核酸类生物标志物信息分析处理的单位。

(12) 在国际合作临床试验备案中如果检测、分析和剩余样本处理在境内单位，是否可以将境内检测、分析和剩余样本处理单位相关情况作为临床试验方案附件进行提交?

答：可以。

(三) 信息对外提供或开放使用事先报告

(1) 发表文章涉及开放使用人类遗传资源信息的，应何时进行信息备份和事先报告?

答：数据信息开放之前。

(2) 利用已公开的人类遗传资源数据，是否需要进行信息备份和事先报告?

答：不需要。

(3) 信息事先报告的存储地点/网址/编码填写有什么要求?

答：事先报告类型为对外提供，对外提供的方式若选择网络传输则填写传输网址，若选择实体存储介质则填写接收方地址；事先报告类型为开放使用，开放使用的方式若选择论文发表、论著发表或会议发布则填写期刊、出版社或会议网址，若选择信息平台共享则填写平台网址/编码。

(4) 申请信息开放使用的要求有什么变化?

答：信息开放使用方式分为开放使用和审核同意后开放使用，申请信息开放使用时需要明确开放使用方式。若申请方选择开放使用方式，待获得登记号后方可开放使用；若申请方选择审核同意后开放使用方式，数据使用方需要向备份平台提交申请，备份平台审核同意后开放使用，后续申请方、数据使用方、备份平台等有关单位需要加强数据风险管理和安全审核。

(5) 在项目实施过程中产生的人类遗传资源信息传输给临床试验电子数据采集系统供应商或数据统计公司等外方单位按照协议中数据管理约定开展相关工作，是否需要进行信息备份和事先报告?

答：不需要。但是参加合作的临床试验电子数据采集系统供应商或数据统计公司等外方单位若在协议数据管理约定的范围以外使用相关研究数据，则应由合作双方中的中方数据信息所有者申请数据信息对外提供或开放使用事先报告。

（四）其他问题

（1）尿液、粪便、血清、血浆等材料是否在人类遗传资源材料管理范围内？

答：根据服务指南中提到的“人类遗传资源材料包括所有类型细胞、全血、组织/组织切片、精液、脑脊液、胸/腹腔积液、血/骨髓涂片、毛发（带毛囊）等，其他不含细胞的人体分泌物、体液、拭子等无须申报”，尿液、粪便、血清、血浆等可能含有极少量脱落、残留或游离细胞或基因的生物样本不再纳入人类遗传资源材料管理范围。

（2）材料出境申请中若仅涉及尿液、粪便、血清或血浆等材料，是否需要申报？

答：尿液、粪便、血清或血浆不再纳入人类遗传资源材料管理范围，因此上述材料出境无须进行申报。

（3）为科学研究采集全血样本，实际检测材料为血清或血浆，应如何填报？

答：血清、血浆不再纳入人类遗传资源材料管理范围，若血清或血浆是由采集全血处理获得，则按全血进行申报。全血在医疗卫生机构被处理为血清或血浆送至检测单位，且不进行基因、基因组、转录组、表观组及核酸类生物标志物等检测的，该检测单位不再纳入第三方实验室管理；采集的全血送至检测单位进行处理获得血清或血浆的，该检测单位仍按第三方实验室管理。

（4）将尿液、粪便、血清或者血浆等材料用于科学研究进行基因、基因组、转录组、表观组及核酸类生物标志物等检测产生的人类遗传资源信息，是否需要申报？

答：仅在涉及国际合作、信息对外提供或开放使用事项时，将检测产生的上述人类遗传资源信息纳入国际科学研究合作行政许可/国际合作临床试验备案、信息对外提供或开放使用事先报告管理。

（5）伦理审查批件项目名称是否需要与人遗申报项目名称完全一致？

答：需要。

（6）研究方案内容是否需要与合作协议完全一致？

答：研究方案的内容应不超出合作协议范围。

（7）已获批的项目，在申请变更过程中，是否可以继续开展该研究，筛选受试者入组？

答：对于已获得许可利用中国人类遗传资源开展国际合作涉及变更的，获得变更审批决定前可按照原获批事项开展研究，变更的事项在获得同意变更审批决定后方可开展。

第四节　样本的收集与利用

一、样本的收集与利用需要遵守的法律法规和伦理要求

适用于样本收集与利用的法律法规包括《中华人民共和国人类遗传资源管理条例》（国令第717号）、《中华人民共和国人类遗传资源管理条例实施细则》、《中华人民共和国生物安全法》及《中华人民共和国刑法修正案（十一）》等。

临床样本的收集与利用需要遵循伦理审查程序。这些审查程序不仅需要对样本的使用过程进行监督，还需要对样本的收集、保藏、转运和处置等不同阶段，以及对患者的临床信息进行管理和监督。为切实保障患者的利益，知情同意书、样本的收集和保藏方案，以及可能的研究计划都应通过伦理委员会的审查和批准。伦理委员会在审查过程中应遵循“最低风险”标准，以确保患者在捐赠样本时的风险最小化，同时也应考虑患者的个人隐私保护问题。与患者和样本有关的个人信息和医疗信息应保密。患者应该被告知自己的何种个人数据和医疗信息被应用于科学研究，以及个人隐私信息如何得以保护。

临床样本和信息的收集应遵照伦理委员会所批准的方案。通常情况下，患者应被告知其样本将用于何种研究，患者知情同意后需签署书面知情同意书。在某些特殊情况下，伦理委员会可以代表患者提供豁免知情同意。为保障患者利益，样本库的管理人员和工作人员应对所收集的样本和数据承担保密责任。如果样本研究涉及遗传性疾病或疾病易感信息，样本所包含的个人信息和隐私信息绝不应当被泄露。研究结果中的基因信息不能披露给患者或存入医疗档案，经伦理委员会批准并已获得患者知情同意的除外。若已获得患者知情同意，则必须给患者提供相应的咨询辅导，告

知患者其遗传信息的披露可能会对家庭、人际关系、就业和保险等方面产生影响。

二、样本库记录和文档的管理规范

样本库记录和文档的原始性、真实性、即时性和详实性是确保临床样本保藏价值的重要原则。样本库工作人员在收集和保藏临床样本时应遵循严格的伦理准则和标准操作规范，记录和文档必须清晰可辨、内容表达准确，以便检索者查阅和准确理解。在样本库操作过程中产生并保存的记录和文档，包括但不限于电子记录和文件、原始纸质记录、核对无误的副本等。

样本库工作人员在收集和管理样本信息时，须遵守以下规范：对样本所涉及的个人信息和医疗信息严格保密；样本收集后立即对样本所包含的个人信息进行编码处理；确保样本收集、处理、保藏和分发记录的完整性和准确性；确保样本使用均已通过伦理委员会的批准，并保留伦理批件副本以备查验；样本库须保存与样本相关的患者数据，以便追溯。

样本信息的保存和管理须遵守以下规范：确保样本记录的准确性；保障数据、结果和信息的可重现性；定期备份电子记录。在任何信息或数据被销毁前，须咨询伦理委员会意见。录入数据的工作人员和保留匿名数据或数据副本的研究人员，如果想把这些数据用于将来的研究，必须得到生物样本库和伦理委员会的明确许可。

当知情同意被撤回或终止时，样本信息的处理应遵守以下规范：在知情同意被撤回或终止的情况下，任何与该患者相关的信息和数据均应被限制或销毁。在知情同意撤回之前获取的样本和资料记录，应在伦理委员会的监督管理下使用。

样本库用户访问记录的管理应遵守以下规范：当用户为履行职责需访问某特定数据记录时，应预先被授权。活动完成后，用户访问权限应立即被撤销。但访问记录须长期保存。

样本信息的传输和物理存储应遵守以下规范：所有的样本信息均应以安全的方式传输；样本库应将数据和记录以安全的方式存储，并在异地备份；各种记录和备份方式均应最大限度地考虑各种潜在的危害，诸如洪水、火灾或盗窃等。

三、样本库的安全与应急制度

临床样本具有极其珍贵的科研价值。样本库必须建立基础安全保障制度，制定设施安全程序，以确保样本、设备和人员安全。

为保障设备的正常运行，样本库的整体环境要安全，且温湿度适宜。根据设备的不同特点，正确选择消防措施，确保消防系统符合现有的法规和程序。根据样本库的工作需求，提供工作照明和普光照明，并安装紧急备用照明。样本库须设置门禁系统，采用人员分级限入措施，向工作人员发放可识别的身份证件和门禁钥匙。样本库工作人员在调离工作岗位时，应将以上物品交还样本库。如果门禁卡遗失，须立即上报，以便注销原卡并发放新卡。样本库管理人员须定期审核并更新样本库准入权限。访客和第三方人员可授权有限访问的权限。

样本库存储区域须设置备用供电系统，确保断电应急情况下各种重要设备的电力供给，包括但不限于服务器、冻存设备等。备用供电系统由城市供电备用线路和单位自有发电机组构成。自有发电机组须储备足量燃料以确保至少 72 小时的电力供给。超低温冰箱使用独立电源供电。超低温自动化存储系统日常采用压缩机和冷水机等双重制冷模式，液氮制冷系统处于备用状态，在双重制冷设备均故障时，自动开启液氮制冷系统。

样本库的设施和设备须进行日常巡检、维护和定期维保。只有经过授权的维护人员才能对设施、设备进行维修和维护。样本库须设置独立的备用存储设备，备用设备空间至少占存储总容量的 10%。备用存储设备也须进行日常巡检和实时监控，确保设备处于正常工作状态。当确认冻存设备发生故障且无法立即修复后，立即在低温下快速转移样本到备用存储设备。在样本转移过程中，做好标记，务必保证转移前后的样本位置可追溯。尽快通知设备工程师到场检修设备。详细登记被转移样本所经历的温度波动曲线，记录设备故障原因，并及时采取纠正措施。

四、样本的申请与发放制度（一般原则）

研究人员申请使用样本库资源，须遵守《中华人民共和国人类遗传资源管理条例》《中华人民共和国人类遗传资源管理条例实施细则》及其他的相关法律法规。各科研机构或医疗机构针对样本申请与发放的制度细则可能不尽相同，下面仅列举样本申请与发放制度的一般原则。

样本申请者须提交的信息包括但不限于：申请者的姓名、联系方式，拟开展项目的研究目的、研究对象和研究假设，计划开始时间及持续时间，研究项目所涉及的方法，研究项目的资助来源，所需要的样本类型和数量，研究项目的伦理审查批件或批准证明，申请者的个人履历等。

样本申请的审核须考虑以下方面：研究者的资格，研究项目的科学价值和可行性，研究项目的资助来源，研究项目是否通过伦理委员会和学术委员会审批等。

样本库和已获批准的样本申请者须签署样本转移协议。已签署的样本转移协议由样本库永久妥善保存。样本转移协议应包括但不限于以下信息和条款：样本使用者必须遵守的保密性原则；关于样本保管要求的说明；关于样本生物危害性的说明；如适用，应包含对未使用的样本进行保留、返还或者处理操作的说明；关于知识产权管理和分配的说明；关于数据共享的约束和说明；另外，明确规定没有样本库的书面许可，样本不能提供给第三方。

附件 人类遗传资源行政许可在线申请材料

表4－1 采集行政许可在线申请材料

序号	提交电子材料名称	要求
1	申请书	网上平台填写
2	法人资格材料	法人资格材料如企业法人营业执照或事业单位法人证书或民办非企业单位登记证书等材料。 作为申请书附件上传
3	知情同意书文本	作为申请书附件上传
4	伦理审查批件	涉及多中心研究的，不可拆分申报，伦理审查批件应包含审查意见、审查材料清单、签字盖章页、伦理委员会成员签到表等内容。 审查材料若涉及版本号和版本日期应注明。 作为申请书附件上传
5	采集方案	作为申请书附件上传
6	人类遗传资源管理制度	作为申请书附件上传
7	合作协议	若涉及，请提供签字盖章的协议。 作为申请书附件上传
8	其他证明材料	若涉及，请提供。 作为申请书附件上传

表4－2 国际科学合作研究行政许可在线申请材料

序号	提交电子材料名称	要求
1	申请书	网上平台填写
2	法人资格材料	法人资格材料如企业法人营业执照或事业单位法人证书或民办非企业单位登记证书等材料。 作为申请书附件上传
3	研究方案	作为申请书附件上传

续表 4－2

序号	提交电子材料名称	要求
4	知情同意书文本	作为申请书附件上传
5	合作双方各自所在国（地区）的伦理审查批件	外方单位确无法提供所在国（地区）伦理审查证明材料的，可以提交外方单位认可中方单位伦理审查意见的证明材料。 作为申请书附件上传
6	国际合作协议	请提供中文版国际合作协议文本，其中申办方、组长单位、合同研究组织、第三方实验室须提供签字盖章协议。 作为申请书附件上传
7	临床试验批件、通知书或者备案登记材料	若涉及，请提供。 作为申请书附件上传
8	其他证明材料	若涉及，请提供。 作为申请书附件上传
9	承诺书 （参与临床医疗卫生机构）	请在申报系统参与临床医疗卫生机构中上传
10	伦理审查批件 （参与临床医疗卫生机构）	伦理审查批件应包含审查意见、审查材料清单、签字盖章页、伦理委员会成员签到表等内容。 审查材料若涉及版本号和版本日期应注明。 请在申报系统“参与临床医疗卫生机构”中上传

表 4－3　国际合作临床试验备案在线申请材料

序号	提交电子材料名称	要求
1	备案信息表	网上平台填写
2	法人资格材料	法人资格材料如企业法人营业执照或事业单位法人证书或民办非企业单位登记证书等材料。 作为备案信息表附件上传
3	研究方案	作为备案信息表附件上传

续表 4－3

序号	提交电子材料名称	要求
4	知情同意书文本	作为备案信息表附件上传
5	组长单位伦理审查批件	若涉及多中心，仅上传组长单位伦理审查批件。 伦理审查批件应包含审查意见、审查材料清单、签字盖章页、伦理委员会成员签到表等内容。 审查材料若涉及版本号和版本日期应注明。 作为备案信息表附件上传
6	国际合作协议	国际合作协议为中文签字盖章版。 作为备案信息表附件上传
7	临床试验批件、通知书或者备案登记材料	作为备案信息表附件上传
8	其他证明材料	若涉及，请提供。 作为备案信息表附件上传
9	承诺书 （参与临床医疗卫生机构）	请在申报系统“参与临床医疗卫生机构备案”中上传
10	伦理审查批件 （参与临床医疗卫生机构）	伦理审查批件应包含审查意见、审查材料清单、签字盖章页、伦理委员会成员签到表等内容。 审查材料若涉及版本号和版本日期应注明。 请在申报系统“参与临床医疗卫生机构备案”中上传

表 4－4　材料出境行政许可在线申请材料

序号	提交电子材料名称	要求
1	申请书	网上平台填写
2	法人资格材料	法人资格材料如企业法人营业执照或事业单位法人证书或民办非企业单位登记证书等材料。 作为申请书附件上传

续表4-4

序号	提交电子材料名称	要求
3	伦理审查批件	伦理审查批件应包含审查意见、审查材料清单、签字盖章页、伦理委员会成员签到表等内容。审查材料若涉及版本号和版本日期应注明。 作为申请书附件上传
4	研究方案	研究方案应包含样本处置全流程情况。 作为申请书附件上传
5	知情同意书（签字版）	上传签字版知情同意书（知情同意书应明确告知该样本用于出境），上传份数应与出境材料的例数保持一致。 作为申请书附件上传
6	剩余人类遗传资源材料处理方式协议	若涉及，请提供签字盖章的协议。 作为申请书附件上传
7	拟出境人类遗传资源材料合法来源证明材料	若涉及，请提供。 作为申请书附件上传
8	其他证明材料	若涉及，请提供。 作为申请书附件上传

表4-5　遗传信息对外提供或开放使用事先报告在线申请材料

序号	提交电子材料名称	要求
1	事先报告信息表	网上平台填写
2	法人资格材料	法人资格材料，如企业法人营业执照，或事业单位法人证书，或民办非企业单位登记证书等材料。 作为事先报告信息表附件上传
3	其他证明材料	若涉及，请提供，如论文手稿、会议摘要、DAC（数据提供方建立的数据开放使用审核委员会及相应的管理制度）及DAA（数据提供方和使用方签署的共享协议）等。 作为事先报告信息表附件上传

表4-6 保藏审批行政许可事项在线申请材料

序号	提交电子材料名称	要求
1	申请书	网上平台填写
2	法人资格材料	法人资格材料，如企业法人营业执照，或事业单位法人证书，或民办非企业单位登记证书等材料。 作为申请书附件上传
3	知情同意书文本	作为申请书附件上传
4	伦理审查批件	伦理审查批件应包含审查意见、审查材料清单、签字盖章页、伦理委员会成员签到表等内容。 审查材料若涉及版本号和版本日期应注明 作为申请书附件上传
5	保藏方案	保藏方案包括但不限于保藏目的、保藏流程、保藏计划等。 作为申请书附件上传
6	保藏管理制度	保藏管理制度包括但不限于管理机制和岗位职责、样本入库和出库管理制度、人类遗传资源登记/处理/使用记录和档案管理制度、人员培训制度、安全管理制度、保密管理制度、应急预案和处置方案等。 作为申请书附件上传
7	保藏技术文件	保藏技术文件包括但不限于设施设备管理要求、场地环境管理要求、人员配置、技术操作规范和质量控制体系文件等。 作为申请书附件上传
8	人类遗传资源合法来源证明材料	作为申请书附件上传
9	保藏场所布局平面图	若涉及，请提供。 作为申请书附件上传
10	其他证明材料	若涉及，请提供。 作为申请书附件上传

参考资料

[1] 陈竺. 中国与人类基因组计划 [J]. 抗癌，2002 (4)：40.

[2] 刘长秋，马彦. 论人类遗传资源的国际法律地位——兼对中国立法之启示 [J]. 中国科技论坛，2016 (9)：104 –109.

[3] 中华人民共和国国务院. 中华人民共和国人类遗传资源管理条例：国令第717号 [EB/OL]. (2019 –06 –10) [2023 –09 –26]. https://www.gov.cn/zhengce/content/2019 –06/10/content_5398829.htm.

[4] 科技部. 科学技术部令第21号 人类遗传资源管理条例实施细则 [EB/OL]. (2023 –05 –26) [2023 –09 –26]. https://www.safea.gov.cn/xxgk/xinxifenlei/fdzdgknr/fgzc/bmgz/202306/t20230601_186416.html.

[5] 科技部. 关于更新人类遗传资源行政许可事项服务指南、备案以及事先报告范围和程序的通知 [EB/OL]. (2023 –07 –14). [2023 –09 –26]. https://www.most.gov.cn/tztg/202307/t20230714_187075.html.

[6] 杨忠奇，洪明晃. 药物临床试验实践与共识 [M]. 北京：中国医药科技出版社，2020：60 –72.

[7] 科技部. 关于发布人类遗传资源管理常见问题解答的通知 [EB/OL]. (2023 –09 –12) [2023 –09 –26]. https://www.most.gov.cn/tztg/202309/t20230912_187931.html.

第五章 知识产权

第一节 学术论文全流程管理

一、科研实验及试验管理规范

为满足教学及科研需要，保障实验顺利开展，实验材料采购及使用、实验室管理等须严格遵守国家法规和学校、医院制度。实验材料采购须按照本单位采购流程进行购买和报批，实验材料出入实验室（及出入境），必须符合各国家和地区法律法规，遵守我国人类遗传资源管理办法，若由国内外其他机构赠送，或将本单位实验室的材料物品赠予其他机构，均须签署实验材料转移协议。

进入实验室后要严格遵守实验室的操作规程，严防发生仪器设备损坏及失火、放射性污染等事故，为预防和遏制化学品造成的人身伤亡事故，化学危险品接触处置应按照医院的应急处理措施。外来人员进驻医院科研平台使用实验室时，须经医院合作导师或临床试验主要研究者（principal investigator，PI）向实验室管理者提交注册申请表，获批准后方能开展实验，并依照医院平台管理条例进行管理。

根据国家相关法规，涉及人类遗传资源采集、收集和出口出境等活动的任何研究项目在开展前必须取得国家科技部人类遗传资源管理办公室批准。此类项目范围主要为：涉及人类遗传资源的科学研究，包括基础研究及临床研究，凡合作方有境外人员或境外机构，包括委托外资企业进行遗传资源检验检测等参与的研究项目；涉及中国境内人类遗传资源，包括重要遗传家系和特定地区人类遗传资源的采集活动；以保藏或国际合作为目的的人类遗传资源的收集活动。在研究项目开展过程中，若发生涉及的人类遗传资源种类、数量的变化，研究合作的各方包括研究发起方、中心实验室等涉及外方资本的变更均须尽快再次上报国家科技部人类遗传资源管理办公室。

涉及人、实验动物的科技活动，应当按规定由所在单位科技伦理（审查）委员会审查批准。开展涉及人的生物医学研究，包括收集、记录、使用、报告及储存有关人的样本、医疗记录或者行为等，须办理医学伦理审查；申请的项目或发表的论文中，有涉及实验动物的饲养、造模、手术及仪器检测等操作的，均须进行实验动物福利伦理审查；利用干细胞或体细胞制剂等涉及人体的临床研究，须办理细胞伦理审查。从事与人体基因、人体胚胎等有关的医学和科研活动，应当遵守法律、行政法规和国家有关规定，不得危害人体健康，不得违背伦理道德，不得损害公共利益。

科研实验及试验的管理，不同的单位有不同的规定。例如，×××医院规定：对于院内已开展的检验、检查项目，一律不准外送。对于院内尚未开展的、确因科研工作需要进行项目外送的，必须符合医院“允许委托外单位开展检测项目清单”列出的项目。清单以外的实验项目若确须外包，必须事前向科研管理部门申请并阐述理由，经核实审批后方可委托开展服务。另外，要求外包机构必须为业内知名、公认的机构，且必须保留原始数据备查。

二、学术论文原始数据的管理

实验数据的收集和记录贯穿科研活动全过程，是科学研究的原始资料，并为科学研究提供重要信息。实验记录的基本要求是真实、及时、准确、完整，防止漏记和随意涂改。不得伪造、编造数据。此外，记录要尽可能详尽。

（一）原始数据记录的注意事项

（1）使用装订完整的实验记录本和受控的纸张、表格，不得将数据记录于私人笔记本、散页纸张或非受控的纸张、表格。

（2）原始数据记录应及时而准确，所有的原始数据都应被及时而清晰地记录下来。数据记录用笔通常为黑色或蓝黑色墨水笔，不允许使用铅笔等字迹可被擦除的笔及随着时间的推移字迹会褪色的墨水笔或圆珠笔等。不得移动粘贴于笔记本上的数据。

（3）原始数据资料均按年份顺序记录时间和日期。日期务必与所做的工作相一致。要清楚地解释同一记录上的多个日期。将具体年、月、日记载在实验记录上，方便后续对实验结果进行分析。所有的记录数字应明晰并且附有相应的计量单位，在相应的检验规程中要阐明数字的处理方法。

（4）所有用于试验的试剂都需要详细记录，包括菌种的名称、代号（如 CMCC 、ATCC 等）、批号、有效期和传代次数；试剂、缓冲溶液和培养基的配制信息，包括试剂/缓冲溶液的配制批号、各组分的化学名称、供应商、批号、纯度、效期和用量，以及试剂和缓冲溶液灭菌参数、包装方式、储藏条件和有效期等。

（5）客观记录应保留实验所获的全部数据或现象。有些人错误地认为阳性结果才有保留价值，并随意地将当时认为阴性的结果舍弃，待后续实验突然发现被舍弃的结果有意义时，已难以弥补。

（二）原始数据的处理和保存

不得销毁或丢弃原始数据，否则，必须重复试验。因此，实验室务必有相关规程以保证原始数据得到妥善保存而不会被丢弃。实验人员必须保存所有的原始数据，即使是被认为无效的数据也应保存，但须将无效数据用记号删去并简要说明原因。

在实验过程中，须随时填写实验记录，填写内容应真实、完整；实验工作结束后，须按照医院相关规定，把实验记录、实验数据等实验原始数据整理归档并上传至研究数据备案平台。实验记录应妥善保存，避免水浸、墨污、卷边，保持整洁、完好、无破损、不丢失。

三、学术论文的撰写及发表规范

研究成果撰写应当基于科学客观事实和数据，同时应尊重他人的研究成果。对他人的观点、结论、数据、公式、图表、资料等的引用须按规定注明详细出处，他人的成果部分不能作为自己学术成果的组成部分，引用的文献资料应注明转引出处[1]。

在公开的学术刊物发表论文及其他公开场合发表、宣传学术观点应基于科学事实，不人为夸大研究基础、学术价值或科技成果的技术价值、社会经济效益，不隐瞒技术风险，未经科学验证的现象和观点，不得向公众传播。

学术论文的署名应实事求是、切实反映作者参加研究工作的实际责任与贡献，署名的顺序一般是按贡献的大小排列名次，并应写明工作单位及省份、城市和邮编，投稿时须经所有作者通读全稿并审核同意[2]。

（1）通讯作者是指研究项目的带头人、责任人，一般是课题的总负责人或研究生导师。通讯作者的主要工作包括提出主要学术思想和思路、设计课题的研究方法、提供研究经费、负责对外联系及文章的发表。通讯作者负责定稿和作者贡献排序，对成果负有主要学术责任和法律责任。文稿提交和回应同行评议应是通讯作者负责，或通讯作者委托其他作者完成[3]。

（2）第一作者一般指通过开展实验和收集数据、诠释结果、撰写初稿而对研究工作有突出贡献者。未得通讯作者同意，第一作者不得私自署名和投稿。

（3）一般认为，共同通讯作者中资深者列在最后（也有根据具体论文贡献及经费投入等排序），而共同第一作者中，排在前面者贡献较大。在晋升、业绩计算、奖励等评定时，可根据相关文件对共同作者进行贡献认定。

发表论文须使用公务电子邮箱进行投稿及相关操作。公开或发布研究成果、统计数据等必须完整准确，保存实验记录和完整数据，并必须在论文等科研成果发表后 1 个月内将所涉及的实验记录、实验数据、调查数据等原始数据资料上传到数据备案（research data deposit，RDD）系统，若未完成原始数据上传，学校和医院将对该论文不予认定；对已发表研究成果中发现的错误和失误，有条件时应以适当方式公开承认或更正。

凡在医院平台完成基础或转化研究发表论文，第一单位应该标注医院平台；凡基于医院提供的主要病例、资源发表临床研究论文时，第一单位应该标注医院。以医院名义或在医院指导下进行学术研究的各类研究人员（含进修学者、访问学者、合作研究院外人员等），其发表的成果单位署名应包括医院。

论文投稿前的管理，不同的单位有不同的规定。例如，×××医院要求所有医院教职工或学生以第一作者或通讯作者进行论文（专著）投稿前，通讯作者须登陆医院办公自动化（office automation，OA）系统填写

“学术论文（专著）投稿登记表”并进行文字图片初步查重[4]，论文接收后上传所有作者签名并作出论文发表诚信承诺。未填写者，日后在毕业、学位申请、教师选聘、职务晋升、岗位聘任、考核评估、科研项目申请、投稿费用报销等过程中将该学术论文（专著）作为个人业绩使用的，不予认可。医院教职工或学生为非第一作者、非通讯作者进行学术论文投稿前，亦要参照第一作者或通讯作者论文投稿流程，通过OA系统备案。

四、研究生成果归属规范

研究生在读期间，在导师指导下主要利用单位及导师的科研经费、实验场所、仪器设备、临床资源等研究条件完成科研课题所取得的全部研究成果（包括研究结果、发明、发现、论文、专著、专利、科技成果奖等）所有权归导师所在单位所有，第一单位必须为导师所在单位。联合培养、委托培养应签订联合/委托培养协议书，明确责权利。研究生完成课题所取得的研究成果所有权按协议进行划分。

研究生应尽快发表所取得的研究成果（涉及专利申请或保密的成果例外）。将培养期间研究成果带到新工作单位发表，按学术不端行为处理。毕业一年后，其培养期间尚有未公开发表的内容，导师原则上可以全权分配。

五、科研基金项目申报及执行规范

严禁对申报信息弄虚作假、剽窃他人研究成果申报基金项目及同一项目重复申报。在进行科研基金项目申报时，必须征得项目组成员本人同意并亲自签字，擅自代签者须承担由此引起的一切后果。涉及人体研究的项目，必须经过医院医学伦理委员会审批。

科研基金项目获批立项后，项目负责人应按要求及时上报项目执行、进展情况和结题报告；项目执行不力、未开展实质性研究工作、影响结题者，项目负责人不得再次申报同类项目。执行项目时，由各类基金资助的研究成果，应严格按照规定进行标注，未标注的成果，一般不予认定或验收。科研项目经费使用必须严格按照预算执行，违反经费使用规定所造成的一切后果全部由课题负责人承担。

项目负责人调离单位的，按不同项目及进度，可申请变更依托单位或委托合适的代理人继续在本单位执行项目。若无合适的代理人，应办理项目终止手续。由其他单位调入人员主持的在研基金项目的调入手续按相同原则办理。单位设立的科研培育项目，从项目开始之日起至结题后一年内，项目负责人要求调离本单位的，须退回全额院级经费。结题一年后调离者，退回离职时剩余经费。

六、专利及成果转化规范

自觉遵守国家及上级主管部门有关专利、成果转化的法律法规和规章制度，不得侵犯他人的专利申请权和专利权等权利，同时要维护医院的专利相关权利不受侵犯。

职工在完成本职工作或履行本单位交付的本职工作之外的任务，或主要利用本单位的物质技术条件等做出的发明创造，以及离退休、调离单位后或者劳动、人事关系终止后一年内做出的与在原单位承担的本职工作或分配的任务有关的发明创造，均系职务发明创造。相关专利申请被批准后，专利权归医院所有。职务发明的专利权人为职工所在单位。任何单位或个人不得将职务发明作为非职务发明申请专利。

与外单位或个人协作完成的，或在接受外单位或个人委托的工作任务中所完成的职务发明创造，除另有协议外，申请专利的权利属于完成或共同完成任务的单位，专利申请被批准后，专利权归申请的单位所有。有关专利转让、专利技术实施和许可贸易，由科研管理部门统一管理，统一对外签订许可合同，统一行使各项专利权。

第二节 知识产权基础实务

知识产权（intellectual property）是指人类就其在社会实践中创造的智力劳动成果所依法享有的专有权利。知识产权主要包括两大类别，分别是著作权和工业产权，工业产权包括商标权、专利权和地理标志。

一、著作权

著作权即版权，是指自然人、法人或者其他组织等权利主体对文学、艺术和科学作品享有的财产权利和精神权利的总称。作品是指具有独创性并能以一定形式表现的智力成果，包括：①文字作品；②口述作品；③音乐、戏剧、曲艺、舞蹈、杂技艺术作品；④美术、建筑作品；⑤摄影作品；⑥视听作品；⑦工程设计图、产品设计图、地图、示意图等图形作品和模型作品；⑧计算机软件；⑨符合作品特征的其他智力成果。

以计算机软件为例，软件著作权是对计算机软件的法律保护，是保护软件作者权益的一种知识产权。软件的源代码、操作界面、程序流程、算法等软件的原创内容都在软件著作权的保护范围内，其作者享有决定如何使用、复制、分发内容等的权利。申请人向中国版权保护中心提供能证明其为软件创作者的软件详细说明、源代码等相关材料并提交计算机软件著作权登记申请是获得软件著作权的唯一途径。手机应用、小程序、电脑软件等都可进行软件著作权登记。

二、商标权

商标是指可将自己的商品或服务与其他经营者的商品和服务区分开的标记（包括文字、图形、字母、数字、声音、三维标志和颜色组合，以及上述要素的组合）[5]。例如，手机应用的图标、公司的标志等都可以提出商标注册申请。

商标权是民事主体享有在特定的商品或服务上以区分来源为目的排他性使用特定标志的权利。商标权可以通过使用取得商标权和注册取得商标权（又称注册商标专用权）两种方式获得。

在我国，商标注册是取得商标权的基本途径。商标注册人享有商品商标、服务商标、集体商标和证明商标的商标权，都必须经由商标局核准注册取得。

三、地理标志

地理标志是指质量、信誉等特征受原产地的自然因素（水质、气候、土壤等）或者人文因素（生产配方、工艺、流程等）影响，同时标示了原产地的商品。地理标志产品主要包括：①某地区种植、养殖的产品；②按照某地区特定工艺生产和加工，同时原材料均来自该地区或部分来自其他地区的产品。常见的地理标志产品有赣南脐橙、新会陈皮、五常大米等。

地理标志也可通过集体商标和证明商标进行保护。集体商标是指以特定的行会、协会、商会等工商业团体或者其他非个体组织的名义注册的标志，该标志可以提供给组织成员用于商业活动，同时也是使用者是某组织中的成员的标志。比较经典的包含地理名称的集体商标是“沙县小吃”，其指定服务是饭店、餐馆等，申请人是沙县小吃同业公会。证明商标是指可以证明某种商品或服务的原料、原产地、质量、制作方法等特定品质的标志，而某种商品或服务由具有检测和监督能力的组织所控制，但由该组织以外的个人或单位使用。证明商标有两种类型，分别为原产地证明商标（证明商品或服务本身出自某原产地，是一种地理标志）和品质证明商标。比较经典的原产地证明商标为“西湖龙井”，其指定商品是3003茶叶，申请人是杭州市西湖区龙井茶产业协会。

四、专利权

专利权是指国家根据申请人的申请，以向社会公开发明创造的内容，以及发明创造对社会具有符合法律规定的利益为前提，根据法定程序在一定期限内授予申请人的一种排他性权利。专利权具有三大特性，即时间性、地域性及独占性[6]。

时间性是指获得专利权的专利只有在法律规定的期限内可以起到保护作用，专利权到达法定期限后，不再起到保护作用。依据《专利法》规定，自申请日起，发明专利的保护期限是20年，实用新型的保护期限是10年，外观设计的保护期限是15年。

地域性是指任何一项专利权只有在法律管辖区域内有效，技术发明在哪个国家获得专利权，就只有在专利授予国的范围内有效，对其他国家则不具有法律约束力，其他国家也不承担任何保护义务。举例来说，假定申请人张三仅仅在中国申请了一件关于水杯的专利，并获得授权，那么只能在中国范围内获得保护，而不能在中国以外的国家或地区获得保护，如果想要同时获得美国等其他国家或地区的保护，还需要在美国或其他地区进行专利申请以寻求专利保护。

独占性是指在专利有效期和法律管辖区域内，任何单位或个人未经专利权人许可都不得实施其专利，即不得以生产经营为目的制造、使用、许诺销售、销售、进口其专利产品，或使用其专利方法等，否则属于侵权行为。例如，申请人张三有限公司在中国申请了一件关于水杯的专利，并获得授权，那么在专利有效期内，张三有限公司在中国境内有独占权，其他单位或者个人在未经张三有限公司允许的情况下，都不得制造、使用、许诺销售、销售、进口该水杯。

五、专利申请流程及文件要求

专利申请的类型包括发明、实用新型和外观设计。专利权的获得，要由申请人向国务院专利行政部门提出申请，经过审查，对于符合授权条件的专利，批准并颁发证书。申请人在提出专利申请时，应提交专利申请文件，如请求书、说明书、权利要求书和说明书摘要等。

（一）发明专利申请流程

发明专利申请流程如图 5.1 所示。根据《专利法》第三十四条规定，专利局收到发明专利申请后，经初步审查认为符合本法要求的，自申请日起满 18 个月，即行公布。专利局可以根据申请人的请求早日公布其申请。

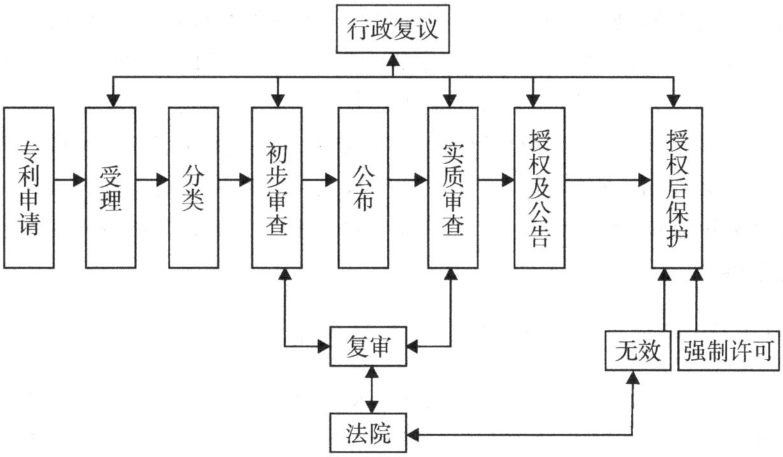

图 5.1　发明专利申请流程

在发明专利申请初步审查程序中，对于申请文件符合专利法及其实施细则有关规定并且不存在明显实质性缺陷的专利申请，发出初步审查合格通知书之后进入公布程序。初步审查中，申请文件存在缺陷的情况下，审查员会发出补正通知书或审查意见通知书。申请人在收到补正通知书或者审查意见通知书后，应当在指定的期限内补正或者陈述意见。申请人期满未答复的，审查员应当根据情况发出视为撤回通知书或者其他通知书。申请文件存在明显实质性缺陷，在审查员发出审查意见通知书后，经申请人陈述意见或者修改后仍然没有消除的，或者申请文件存在形式缺陷，审查员针对该缺陷已发出过两次补正通知书，经申请人陈述意见或者补正后仍然没有消除的，审查员可以做出驳回决定。申请人对驳回决定不服的，可以在规定的期限内向专利复审委员会提出复审请求。

发明专利申请经初步审查合格后，自申请日起 18 个月内被公开，或者应申请人请求提前公开，公开后可进入实质审查程序。实质审查的目的在于确定发明专利申请是否应当被授予专利权，即是否满足授权的条件。实质审查过程中，如果申请文件被认为不符合《专利法》及其实施细则有关规定，会发出通知书（审查意见通知书、分案通知书等），要求申请人在指定的答复期限内陈述意见，或者对其申请进行修改。发明专利申请经实质审查没有发现驳回理由及经申请人陈述意见或修改后克服了专利申请中存在的缺陷的，审查员应当发出授予发明专利权的通知书。发明专利申请经申请人陈述意见或者进行修改后，仍存在不符合《专利法》及其实施细则有关规定的，审查员应当做出驳回决定。申请人无正当理由对审查意见通知书、分案通知书等逾期不答复的，专利局应当发出申请被视为撤回通知书[6-8]。申请人对驳回决定不服的，可以在规定的期限内向专利复审委员会提出复审请求。专利获得授权后，任何人均可针对该授权专利向专利复审委员会提出无效宣告请求。对复审或无效宣告结论不服，可以进行上诉。

（二）实用新型和外观设计专利申请流程

实用新型和外观设计专利申请流程如图5.2所示。与发明专利申请不同，实用新型和外观设计专利申请不进行实质审查，因此经初步审查没有发现驳回理由的，专利申请就被授予专利权。实用新型和外观设计专利申请的初步审查中，对于申请文件存在可以通过补正克服的缺陷的情形发出补正通知书，如果审查员认为申请文件存在不可能通过补正方式克服的明显实质性缺陷，应当发出审查意见通知书。申请人在收到补正通知书或者审查意见通知书后，应当在指定的期限内补正或者陈述意见。申请人期满未答复的，审查员应当根据情况发出视为撤回通知书或者其他通知书。申请文件存在审查员认为不可能通过补正方式克服的明显实质性缺陷的，审查员发出审查意见通知书后，在指定的期限内申请人未提出有说服力的意见陈述和/或证据，也未针对通知书指出的缺陷进行修改，审查员可以做出驳回决定。如果是针对通知书指出的缺陷进行了修改，即使所指出的缺陷仍然存在，也应当给申请人再次进行意见陈述和/或修改文件的机会。对于此后再次修改涉及同类缺陷的，如果修改后的申请文件仍然存在已通知过申请人的缺陷，审查员可以做出驳回决定。因不符合《专利法》及其实施细则的规定，专利申请被驳回，申请人对驳回决定不服的，可以在规定的期限内向专利复审委员会提出复审请求[6-8]。

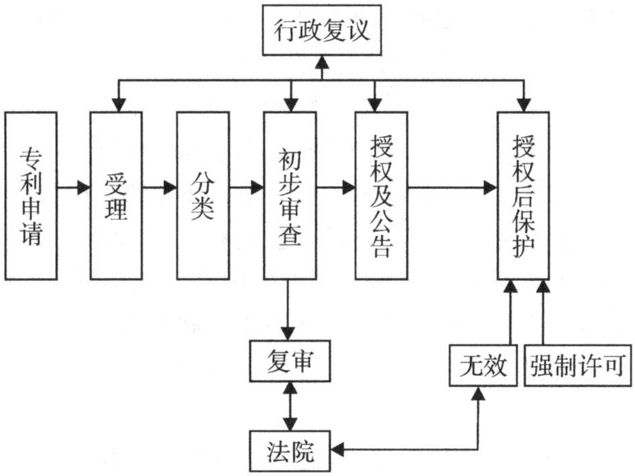

图 5.2 实用新型和外观设计专利申请流程

实用新型和外观设计专利申请经初步审查没有发现驳回理由的，由专利局做出授予实用新型专利权或者外观设计专利权的决定，发给相应的专利证书，同时予以登记和公告。实用新型专利权和外观设计专利权自公告之日起生效。

（三）专利申请文件

在申请发明或者实用新型专利时，申请人应当向专利局提交请求书、权利要求书、说明书及说明书摘要等文件。

请求书是由申请人填写的专利局印制的统一表格。申请人在提出专利申请时，应当向专利局提交请求书，以表明请求授予专利权的愿望。

权利要求书是一种法律文件，在专利申请阶段，表明专利申请人希望获得的专利权范围，专利获得授权后，权利要求书用于确定发明或者实用性专利保护范围。权利要求书由若干个权利要求构成，发明或者实用新型专利权的保护范围以其权利要求的内容为准。例如：权利要求 1，一种由枕套和枕芯构成的枕头，其特征在于所述枕头的中间部分有凹陷槽，在该凹陷槽中有颈垫；权利要求 2，根据权利要求 1 所述的由枕套和枕芯构成的枕头，其特征在于所述凹陷槽为长方形；权利要求 3，根据权利要求 2 所述的由枕套和枕芯构成的枕头，其特征在于所述颈垫内装有永磁体和药物。

在该权利要求书中，权利要求 1 是独立权利要求，权利要求 2 和权利要求 3 是从属权利要求。独立权利要求 1 要求保护的枕头包含的特征有：含枕套、枕芯，枕头的中间部分有凹陷槽，凹陷槽中有颈垫。从属权利要求 2 引用权利要求 1，其要求保护的枕头包含的特征有：含枕套、枕芯，枕头的中间部分有凹陷槽，凹陷槽中有颈垫，所述凹陷槽为长方形。从属权利要求 3 引用权利要求 2，其要求保护的枕头包含的特征有：含枕套、枕芯，枕头的中间部分有凹陷槽，凹陷槽中有颈垫，所述凹陷槽为长方形，所述颈垫内装有永磁体和药物。在该组权利要求中，独立权利要求 1 包含的特征最少，其范围最大，权利要求 3 包含的特征最多，其范围最小。

专利申请文件的说明书也是非常重要的文件，其作用一方面在于将发明或者实用新型专利申请的技术内容充分地披露，向社会提供新的技术信息，促进科技进步和经济社会发展；另一方面，说明书及附图可以用于解释权利要求的内容。在专利权被授予后，特别是在发生专利纠纷时，说明书可以用来解释权利要求书，帮助确定专利权的保护范围。说明书附图是说明书的一个组成部分，其作用在于用图形补充说明书文字部分的描述，使人能够直观地、形象化地理解该发明，或者实用新型的每个技术特征及整体技术方案。

六、专利授权条件

专利申请经过专利审查，在未发现驳回缺陷的情况下可以获得专利授权。《专利法》和《专利法实施细则》规定了专利申请文件应当符合的各项要求，包括实质要求和形式要求，不符合实质要求则通常会被驳回，实质要求通常涉及的条款包括专利保护的客体要求，新颖性、创造性和实用性，下面分别进行说明。

（一）专利保护客体

《专利法》第二条规定了什么是发明、实用新型和外观设计，从正面规定了专利可保护的客体。《专利法》第五条和第二十五条则规定了哪些客体不能被授予专利权。

例如，一种光束，其波长是 600 纳米。光束不是一种技术方案，不符合《专利法》第二条的规定，不属于发明保护的对象。但若利用光束的性质来解决技术问题的，则构成了技术方案，就属于专利保护的对象，如一种利用光束照射物体分析该物体的组成成分的检测方法，其解决了技术问题，属于发明保护的对象。

例如，一种赌博系统，该系统可对赌博赢家分配红利。赌博是国家法律所禁止的，这样的方案不能被授予专利权。

例如，一种改变人生殖系遗传同一性的方法。这种违反社会公德的发明创造不能被授予专利权。

例如，一种使盗窃者双目失明的防盗装置。这种妨害公共利益的发明创造不能被授予专利权。

例如，锗的半导体性能。这种属于科学发现，不能被授予专利权。

例如，五子棋的游戏规则。这种属于智力活动的规则和方法，不能被授予专利权。

例如，一种高血压的测量方法。这种属于疾病的诊断方法，不能被授予专利权。但是诊断设备可以被授予专利权。

例如，一种胃癌的治疗方法。这种属于疾病的治疗方法，不能被授予专利权。但是治疗设备和药物可以被授予专利权。

（二）新颖性

对于专利申请，如果写在权利要求书中的权利要求符合专利保护的客体，还需要进一步审查是否具备新颖性和创造性。

《专利法》第二十二条规定，新颖性是指该发明或者实用新型不属于现有技术；也没有任何单位或者个人就同样的发明或者实用新型在申请日以前向专利局提出过申请，并记载在申请日以后（含申请日）公布的专利申请文件或者公告的专利文件中。根据《专利法》第二十二条的规定，现有技术是指申请日以前在国内外为公众所知的技术。现有技术包括在申请日（有优先权的，指优先权日）以前在国内外出版物上公开发表、在国内外公开使用或者以其他方式为公众所知的技术[6,8]。

例如，专利申请人王某于 2020 年 2 月 20 日提交了一件专利申请，其权利要求 1 是：一种茶杯，包括杯体，其特征在于该杯子还包括手柄。

在该专利审查过程中，如果审查员检索到对比文件 1 是 2020 年 1 月 1 日公开的，其公开的内容是一种杯子，包括杯体；检索到对比文件 2 是

2020年2月2日公开的，其公开的内容是一种杯子，包括杯体和手柄；检索到对比文件3是2019年3月3日公开的，其公开的内容是一种杯子，包括杯体和手柄，且手柄上设置了防滑膜。

在该案例中，对比文件1至对比文件3都是在本专利申请的申请日前公开的，因此构成现有技术，可以用来评价本专利申请的新颖性。

对比文件1未公开本申请权利要求1中的“手柄”，对比文件2公开了本申请权利要求1的全部技术特征，对比文件3也公开了本申请权利要求1的全部技术特征。因此，本申请权利要求1相对于对比文件1具备新颖性，相对于对比文件2不具备新颖性，相当于对比文件3不具备新颖性。不具备新颖性的技术方案不能够获得专利权。

在新颖性的审查中，对比的方式是单独对比，也就是权利要求的方案与单个对比文件进行对比，若权利要求的方案被该对比文件全部公开，且解决了相同的技术问题，实现了相同的技术效果，则权利要求相对于对比文件不具备新颖性。

需要注意的一点是，专利申请人本人在申请日前通过发表文章、举办论坛等方式公开了自己的方案，也会构成本专利申请的现有技术，会破坏本专利申请的新颖性。

（三）创造性

《专利法》第二十二条规定，发明的创造性是指与现有技术相比，该发明具有突出的实质性特点和显著的进步，该实用新型具有实质性特点和进步。

审查员在审查专利的创造性时，审查的对象也是写在权利要求书中的各项权利要求之一。

与新颖性“单独对比”的审查原则不同，审查创造性时，需要将一份或者多份现有技术中的不同的技术内容组合在一起对要求保护的发明进行评价[6]。

例如，专利申请的权利要求涉及一种改进的内燃机排气阀，该排气阀包括一个由耐热镍基合金A制成的主体，还包括一个阀头部分，其特征在于所述阀头部分涂敷了由镍基合金B制成的覆层，发明所要解决的是阀头部分耐腐蚀、耐高温的技术问题。

对比文件1公开了一种内燃机排气阀，所述的排气阀包括主体和阀头部分，主体由耐热镍基合金 A 制成，而阀头部分的覆层使用的是与主体所用合金不同的另一种合金，对比文件 1 进一步指出，为了适应高温和腐蚀性环境，所述的覆层可以选用具有耐高温和耐腐蚀特性的合金。

对比文件 2 公开的是有关镍基合金材料的技术内容。其中指出，镍基合金 B 对极其恶劣的腐蚀性环境和高温影响具有优异的耐受性，这种镍基合金 B 可用于发动机的排气阀。

在两份对比文件中，由于对比文件 1 与专利申请的技术领域相同，所解决的技术问题相同，且公开专利申请的技术特征最多，因此可以认为对比文件 1 是最接近该申请的现有技术。

将专利申请的权利要求与对比文件 1 对比之后可知，发明要求保护的技术方案与对比文件 1 的区别在于发明将阀头覆层的具体材料限定为镍基合金 B，以便更好地适应高温和腐蚀性环境。由此可以得出发明实际解决的技术问题是如何使发动机的排气阀更好地适应高温和腐蚀性的工作环境。

根据对比文件 2，本领域的技术人员可以清楚地知道镍基合金 B 适用于发动机的排气阀，并且可以起到提高耐腐蚀性和耐高温的作用，这与该合金在本发明中所起的作用相同。由此，可以认为对比文件 2 给出了可将镍基合金 B 用作有耐腐蚀性和耐高温要求的阀头覆层的技术启示，进而使本领域的技术人员有动机将对比文件 2 和对比文件 1 结合起来构成该专利申请权利要求的技术方案，故该专利申请要求保护的技术方案相对于现有技术是显而易见的。因此，该申请相当于对比文件 1 和对比文件 2 的结合，不具备创造性。

对于一项权利要求，仅具备新颖性还不足以授权，还需要满足创造性的要求，若专利申请要求保护的技术方案相对于现有技术是显而易见的，则不具备创造性；若是非显而易见的，则具备创造性。

（四）实用性

《专利法》第二十二条规定，实用性是指发明或者实用新型申请的主题必须能够制造或者使用，并且能够产生积极效果。一项技术方案可能存在某些方面的缺陷，如请求保护的药物具有毒副作用，但在其他方面有益，则应当认为该技术方案能够产生预期的积极效果。

以下几种情况的技术方案认为是没有实用性：无再现性的发明或者实

用新型专利申请主题不具备实用性；违背自然规律的发明或者实用新型专利申请是不能实施的，因此不具备实用性，如永动机，必然是不具备实用性的；利用特定的自然条件建造的、自始至终都是不可移动的唯一产品不具备实用性；人体或者动物的非治疗目的的外科手术方法不具备实用性，如为非治疗目的的美容而实施的外科手术方法；测量人体或动物体在极限情况下的生理参数的方法不具备实用性，如通过逐渐降低人或动物的体温来测量人或动物对寒冷耐受程度的测量方法；明显无益、脱离社会需要的发明或者实用新型专利申请的技术方案不具备实用性。

参考文献

[1] 潘玲玲，顾志峰，倪启超，等. PDCA 在医院学术论文管理中的应用［J］. 江苏卫生事业管理，2019，30（7）：938－740.

[2] 王景周. 规范著录作者贡献声明对科研评价及科研合作的促进作用［J］. 中国科技期刊研究，2020，31（7）：770－775.

[3] 张闪闪，崔文健，李晓玲. 基于作者贡献声明的科研人员学术影响力评价框架研究［J］. 医学期刊编辑，2021，30（7）：74－80.

[4] 孙力炜，贺郝钰，迟秀丽，等. 防范图片学术不端的举措研究［J］. 中国科技期刊研究，2021，32（5）：563－570.

[5] 黄晖. 中国商标及不正当竞争案例精要［M］. 北京：知识产权出版社，2021.

[6] 中华人民共和国国家知识产权局. 专利审查指南［M］. 北京：知识产权出版社，2010.

[7] 尹新天. 中国专利法详解［M］. 北京：知识产权出版社，2011.

[8] 梁萍. 专利申请实务［M］. 北京：知识产权出版社，2019.

第六章　论文写作格式与规范

第一节　科技论文写作指南

用母语撰写学术文章本已不易，用第二语言或第三语言进行学术写作难度则更大。熟练掌握英语固然重要，但也须注意潜在的文化差异，因为非英语母语期刊的规则和逻辑可能与英语期刊完全不同。因此，对于非英语母语作者而言，了解正确的英语学术写作规则和规范有助于发表论述有力、逻辑顺畅的稿件。在此，我们为非英语母语作者总结了优质英语科技论文写作的一些重点，以期帮助其顺利地用文字表达想法。

对于非英语母语作者而言，在发表科技论文或学术论文的过程中，英语语言本身可能会成为障碍。这一点在单语国家尤为明显，因为与双语或三语国家相比，单语国家公民普遍的英语熟练程度偏低。然而，在英文期刊上发表文章是在该领域建立名声的首要途径甚至是唯一途径。英语论文写作并非易事。作者须理解虚构写作与专业写作之间的区别，并培养相应的能力以在学术写作中使用准确的科学术语和医学术语。

此外，作者在撰写原著论文时，不仅需要从其个人的角度出发，还应综合考虑可能影响论文“命运”的所有因素（图 6.1）。编辑可能会根据以下方面来权衡一篇论文是否值得发表：话题热度，即文章是否有望给期刊带来更多引用，从而增加访问量和影响力。审稿人则可能考虑论文的水准和工作量，所含数据是否符合期刊标准。而读者感兴趣的则是论文能为其带来哪些新信息。作者应全面考虑到可能导致退稿的所有因素。

● 我能否尽力呈现数据？ ● 论文的逻辑是否清晰？ 作者	● 这篇论文符合我们期刊的收稿范围吗？ ● 其是否会受到关注和引用？ 编辑
读者 ● 我能从这篇论文中获得什么知识？ ● 我能从中提炼出什么观点？	审稿人 ● 这个概念是全新的吗？有实际意义吗？ ● 这位作者是否验证了假设？

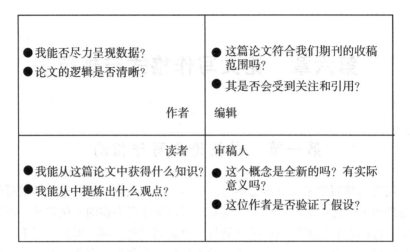

图 6.1　作者、编辑、审稿人和读者在评估原著论文时的不同出发点

本节将聚焦科技写作的要点，详细说明论文各部分的重要性及其在全篇中的作用。本节所提供的信息基本属实，但作者在投稿时应查询期刊的最新作者指南，以了解具体细节。希望本节能够帮助更多非英语母语作者撰写科技论文或医学研究论文，避免因书面专业性不足而面临不必要的拒稿。

一、文章类型

作者应明确自己要撰写的文章类型。所有期刊都会在“作者指南”(author's guidelines)中注明稿件类型。部分专业期刊只接受特定类型的文章。例如，Nature Review 系列只接受综述文章，Nature Communication 系列则只接受通信文章/简报。我们在表 6.1 中汇总了不同类型文章的各项特征。

表 6.1　不同类型的论文及特点

文章类型	原始数据	摘要	引言	研究方法	结果	讨论	结论	同行评审
社论	×	×	○	×	×	○	○	○
社论评述	×	×	○	×	×	○	○	○

续表 6.1

文章类型	原始数据	摘要	引言	研究方法	结果	讨论	结论	同行评审
原著论文	○	○	○	○	○	○	○	○
综述文章	×	○	○	×	×	×	○	○
短综述	×	○	○	×	×	×	○	○
前瞻性文章/观点	×	×	○	×	×	○	○	○
编辑通信	×	×	×	×	×	○	○	×
临床病例报告	○	○	○	○	○	○	○	○
Technical Note 短文	视情况而定	视情况而定	○	○	○	○	○	○
简报/通信文章	○	○	○	○	○	○	○	○
新闻和观点	×	×	○	×	×	×	○	×
评述	×	○	○	×	×	○	○	○

注："○"表示该类文章包含这一特征，"×"表示该类文章不含这一特征。

不同类型的文章有着不同的写作层面和角度。对于原著论文、通信文章和简报，作者须提供原始数据，提出有助于推动领域发展的新发现或新结论。在综述论文中，作者则须总结某一热点话题的最新研究成果，同时提出自己的见解。社论、评述、观点、前瞻性文章则是对某一主题的简短概述和展望。本文仅分析原著论文的具体写作步骤。

二、写作顺序

尽管文章的第一部分是标题，然后是摘要和关键词，但更好的方法是按照以下 10 个步骤来写作。

（1）将所有图表准备齐全。作者须认真准备好全部图表，然后系统性地将所有数据排列起来，这样读者才能清晰地理解文章的逻辑。作者可以邀请同行或同领域作者进行口头评议，以获取反馈，了解文章逻辑是否清晰。数据排列应具有灵活性，且应围绕核心叙述线展开。

（2）撰写研究方法部分。作者需要清晰地描述文章中所有实验的全部细节。因此，先撰写研究方法再撰写其他部分更为可行。我们鼓励作者在实验之初就着手撰写实验方法，以确保学术诚信和工作描述的准确性。

（3）撰写结果部分。准备好所有图表后，作者就可以开始详细描述数据了。在这部分当中，作者应准确描述文章中包含的所有数据。

（4）撰写讨论部分。讨论有时会与结果并作一个部分。作者应仔细阅读作者指南，明确讨论部分是否需要单独撰写。

（5）撰写清晰的结论。结论部分是简明扼要的总结，包含研究的亮点、新颖性及未来影响。

（6）撰写引言部分。在这部分当中，作者应清晰地介绍文章的总体背景。引言部分介绍的背景需要凸显该项研究的重要性。

（7）撰写摘要。摘要是最重要的部分，会给读者留下“第一印象”。

（8）拟定标题。标题应简明扼要，描述清晰，信息量足以概述论文要点。

（9）选择关键词。选择4～6个关键词。这些词语对于索引、引用及在搜索引擎当中的排序至关重要。

（10）撰写致谢。恰当的致谢非常重要，尤其是对研究资金支持方的致谢。

三、撰写文章各部分时须注意的细节

文章的每一部分都同样重要。因此，作者不应厚此薄彼。图6.2简要描述了各部分的功能和特点。

标题
- 吸引关注

摘要
- 给读者留下良好的第一印象，让人信服

引言
- 充分说明背景，“推销”你的研究工作

方法
- 分享研究细节

结果
- 描述研究结果

讨论
- 提出有证据支撑的观点

结论
- 总结研究的亮点

图 6.2　原创文章各部分的内容和“一句话”定义

（一）标题

标题的主要目的是吸引读者阅读文章。好的标题往往既概括又具体，足以让读者对文章有大致的概念。英语功底扎实的作者可以考虑在标题中使用比喻、谚语、悖论或首字母缩写。如 To die or not to die（死亡还是存活）、Turning friends to foe（化友为敌）、Killing two birds with one stone：a multi-modal imaging system（一石二鸟：多模式成像系统）等。拟定标题有个常见误区，即在标题中描述冗长的细节。

标题应能够概述文章的总体内容；流畅易懂，避免使用艰深的术语；避免使用行话和缩略语；使用短语而不是句子；注意字数，很多期刊对标题都有字数限制。

（二）摘要

摘要常被视为一篇文章的“自我推荐信”。在摘要部分，读者可以获得该篇文章的重要信息。摘要也是文章给读者的第一印象，会很大程度上影响编辑和审稿人决定是否继续阅读全文。作者应参阅已在目标期刊上发表的文章，以明确格式。有些期刊偏好合并摘要，有些则偏好单独列出摘要。这无关对错，只是格式上的不同。为了帮助作者撰写逻辑流畅的摘要，我们总结了在摘要中需要回答的关键问题，具体为以下 7 项：

（1）这项研究的背景是怎样的？

（2）已经做了哪些工作，还要做哪些工作？

（3）本专题的瓶颈/悬而未决的矛盾是什么？

（4）你打算怎么做？

（5）你的目标是什么？你希望如何解决这一矛盾？

（6）你在研究过程中观察到了什么？

（7）你的结论是什么？

（三）关键词

关键词对于期刊索引非常重要。关键词是读者搜索文章最简单的方法。在搜索过程中，大多数（甚至全部）搜索引擎都极其依赖关键词匹配。一般而言，文章应有 4～6 个关键词。

对于关键词，我们的建议为：列出标题中的重要词语；检查这些词语是否在摘要、引言和讨论部分重复出现；确定与文章关联最紧密的 4～6 个词语。

（四）引言

引言部分简单而言是“设定大场景”。我们为何能通过一个极短的场景认出一部电影？这是因为别人已经让我们知道这个场景来自这部电影。如果能在引言部分很好地介绍文章线索，读者就会有兴趣往下阅读。换言之，引言部分也是作者在向读者推介自己的文章。作者应在引言部分揭示文章的意义和影响，写明“为什么”并以流畅、合理的方式将其呈现给读者。以下是撰写引言部分的要点：

（1）利用漏斗系统介绍文章的整体背景，再介绍当前瓶颈，并提出解决问题的目标（图 6.3）。

（2）作者在提及前人著作的缺陷时，应保持尊重的态度。

（3）确保在引言中详细引入大部分（或全部）关键词。

（4）引言、当前瓶颈和研究目标之间应有明确的关联。

（5）不要在引言中介绍新发现（这是文章的亮点）。新发现应在讨论部分重点阐述。

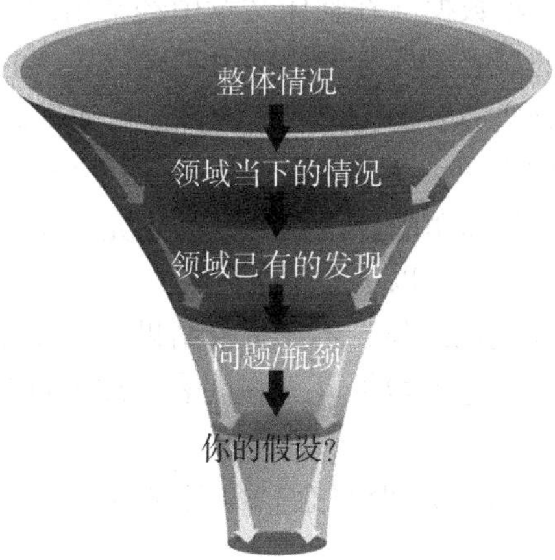

图 6.3　说明如何撰写引言的漏斗系统

（五）材料与方法

研究方法通常分为两部分，分别为材料与方法。材料部分应列出所有材料、溶剂、生物制品、化学品、抗体、细胞系，以及动物。主稿件中呈现的所有数据都应在方法部分进行描述，且出现的顺序应与结果部分保持一致。方法部分写的是“怎么做”，读者可据此了解研究的技术部分。撰写方法部分时应具体地描述各项实验，使其易于复制，并充分说明所用材料的信息。这部分最常见的错误是一笔带过，或者只是复制粘贴之前已发表的文章中的实验描述。后者通常会导致高重复率，进而被视为抄袭或学术不端。

方法部分主要包含以下 3 个方面：

（1）背景信息。为何要进行这项实验？

（2）详细描述实验。如何开展这项实验的？

（3）方法确认。如何确保实验顺利开展？

（六）结果

在结果部分，作者需要引导读者具体、有序地阅读数据。因此，结果部分的图片和数据质量对论文的最终结果至关重要。作者应确保所有图、表都以最佳方式呈现。作者需要清楚，何时以表格、图或其他格式呈现数据。表格用于展示多项数据（在临床文章中经常出现）。图可直观地展现少量数据组别之间的显著差异，表格则用于显示某一主题的数值趋势。作者应权衡在结果部分增添表格、图或表的价值。如果数据可用一两句话轻松描述，则不应增添图表。无论出于何种原因，作者都不应跳过某项数据，再绕回来解释。最简明的方式就是先描述完图 1，再描述图 2。作者在撰写结果部分时，须注意以下关键点：

（1）只描述观察到的结果，不要解释结果为何如此。

（2）在图表中加入重要数据（如在图表中加入百分比或 p 值），以引导读者跟随文章逻辑。

（3）删除重复图像，减少冗余。应尝试使用统计分析来创建定量数据。

（4）统一字体大小、样式和图表大小，尽量减少图表的视觉问题，保持整体美观。

（七）讨论

讨论部分是有证据支撑的观点。作者在这部分对论文发表独到的见解。但作者也须注意，仅凭经验提出的观点并不稳固。有证据支撑的观点是指：在其他出版物中也能找到支持实验结果的基础。因此，文献综述相当重要，可帮助读者了解与文章密切相关的当前趋势和过往研究。作者在撰写讨论部分时，首先应该对研究进行简短的总结或整体背景介绍。然后，列出文章的 3～4 个亮点，随后逐一讨论每个亮点。这些亮点也应是作者在摘要部分提到的成果亮点。在此，作者需要明晰“有力结果”和“一般结果”。有力结果是有进步的、全新的、有意思的，很可能就是文章的亮点。一般结果则是观察和补充，对证明观点很重要，但并不新颖，没有重点讨论的价值。

选择亮点时可以考虑以下要点：

（1）这是全新的观察和发现。

（2）在该领域还没有人取得这样的成果。

（3）这会是一种新的治疗干预措施/新药/新疗法吗？

讨论亮点时，作者应先说明亮点，然后提供其他出版物中支持文章数据的证据。如果文章数据与之前发表的数据存在矛盾，作者应找出原因，并在讨论中明确表述。可能的原因包括时间点不同、细胞系不同、动物模型不同，甚至是亚组的差异。在临床论文中，讨论部分的结尾应说明研究的局限性，并表明作者会在下一篇论文中加以改进。这也让编辑和审稿人得以一窥你的下一篇论文，同时也可表明作者知道如何改进当前的研究。

（八）结论

结论部分总结了文章的精髓，通常是不超过十句话的简洁而充实的段落，包括研究的背景、总结、亮点和展望。作者应表达对该项研究的未来期望，可以是新药、新疗法，或是对某一领域的思维方式带来巨变。有些期刊不要求撰写独立的结论部分，而是将讨论和结论合并为一个较长的部分。因此，作者在撰文时应仔细阅读作者指南，以清晰了解具体要求。

（九）结语

虽然学术写作具有科学性和逻辑性，但它也是一门艺术。作者应精雕细琢，以期让文章获得编辑、审稿人和读者的认可。用文字交流有时相当困难，也时常让人沮丧，尤其是使用非母语写作。但只要有正确的指南和及时的指导，非英语母语作者也能够用英文顺畅地表达观点，与国际社会分享自己辛勤劳动的成果，并共同建立联系紧密的科学社区。

（十）致谢

一篇完整的论文必须要包含致谢。致谢是为了感谢那些在研究和写作过程中为你提供帮助和支持的资金、单位或者个人。由于篇幅所限，期刊论文的致谢须比学位论文的致谢更加简练，而且结构和写法也有所不同。期刊论文致谢通常只包括对学术支持和提供资源的感谢，而无对精神支持的感谢。致谢内容在写法上通常须具体化，应当言简意赅地说明具体贡献要点。

第二节　研究生学位论文格式与规范

研究生的学位论文是对研究生科研能力、基础理论水平及专门知识掌握程度的综合反映，也是学位授予的重要依据。研究生在导师指导下，独立完成学位论文工作。学位论文的撰写有特定的格式要求、字数要求，课题的研究及成果的获取须遵守学术道德规范。

一、学位论文的格式

学位论文应由申请者在导师指导下独立完成，其选题应属于申请学位的学科、专业范畴。除外国语言文学专业外，其他专业的学位论文一般应用中文撰写。论文撰写要求参照所在学校研究生学位论文格式要求执行。

（1）规范性要求。临床医学硕士学位论文撰写应符合国家有关标准，如学位论文编写规则（GB/T 7713. 1—2006），保证论文的规范性。学位论文一般应包括封面、原创性声明和保护知识产权声明、扉页、目录、缩略语表、中文摘要、英文摘要、前言、文献回顾、正文、结论、参考文献、附录及攻读学位期间发表的学术论文和取得的其他研究成果、致谢等。论文的印刷也应符合格式规范。论文中的计量单位、图表、公式、缩略词、符号、参考文献的使用必须遵循国家和学位授予单位规定的标准。论文中引用他人的成果、学术观点、实验方法时，必须注明参考文献；合作者及其他人做的工作必须明确说明，并给予恰当的致谢。

（2）字数要求。硕士学位论文正文一般为 1 ～ 3 万字，论文摘要一般不超过 1200 字。博士学位论文正文一般为 5 ～ 15 万字，论文摘要一般不超过 2000 字。

（3）学术道德规范要求。学位论文的撰写须严格遵守所在学校的学术道德规范。

二、学位论文的撰写要求

研究生学位论文的撰写要求，不同的学校有不同的要求。一般涉及以下方面。

（一）硕士

1．选题

选题紧密结合工作实践，具有一定的工作业务指导意义和一定的科学创新性，能体现学生的学术素养和科学研究能力，与学生获取知识能力、实践能力、学术交流能力相结合。

2．质量要求

（1）硕士学位论文应具有一定的创新性，具有一定的学术价值和实践意义，且条理清楚、表达准确、数据真实、分析科学、结论合理。

（2）学位论文应能表明作者确已系统掌握了本门学科的基础理论和专业知识，具有一定的分析问题和解决问题的能力，基本具有从事科学研究工作或独立承担专门技术工作的能力。

（3）论文要符合科学研究的规范，作者应对研究课题有自己的新见解或新成果，结论应符合逻辑。

3．审查要求

教研室（科室）须组织指导小组按论文质量要求对已完成的论文进行审查，审查的内容不限于论文内容、撰写格式、意识形态等。

（二）博士

1．选题

前沿性、应用性、可行性是衡量临床医学博士学位论文选题的主要标准。应选择学科前沿领域课题或对我国经济和社会发展有重要意义的课题，课题应对科学研究、技术进步、经济建设或社会建设有较大的理论意义和实践意义，突出学位论文的创新性和先进性。

课题应为别人没有研究过的或未明确的，有一定的新见解或新发现，包括观点创新、视野创新、方法创新，最好能够填补前人研究的空白，或者是发现、证明其他人在学术上的错误观点。选题应紧密结合学科的实际，具有科学性，结论对实践有较大的应用价值和指导意义。

2．综述

在掌握大量有关文献资料的基础上，对国内外在该研究方向上（特别是学科前沿）的研究动态、近年来取得的主要进展、主要研究方法及已有成果进行全面的介绍和分析，明确课题研究的目的和阐明课题的理论水平及实际意义。

3. 论文工作中期汇报

论文进行中按计划由研究生定期在教研室（科室）学术会议上做论文阶段性报告，汇报论文进展情况，听取指导小组的意见，修订计划，完善科研工作。中期报告要有详细记录，记录填写在研究生培养手册学位论文报告格栏内。

4. 论文的质量要求

论文应体现作者掌握本研究领域的方法和技能，具有较强的分析问题和解决问题的能力，能独立进行科学研究工作。论文内容应充分反映作者具有坚实宽广的基础理论和系统深入的专门知识。

5. 成果创新性要求

博士学位论文成果创新应是对所研究领域的某个问题提出新观点和新思路，或对研究方法提出创新性的改进，或做出创新性的成果，并对学科建设、学术发展、学科实践具有较高的理论意义和应用价值。研究成果应在本专业主流刊物上发表，或获得国际/国家专利，或出版专著，或获得较高等级成果奖励。

成果创新体现在多个方面：提出新的实验假说，真实临床医学及相关学科理论研究空白，发展已有的理论；修正或推翻已有理论和学说，证实了已存在理论的片面性、错误性、不可存在性；创新研究方法，改进实验技术，运用新视角、新方法进行探索研究；改进现有设备或者研发新实验仪器，提高实验成功率。

6. 论文审查

教研室（科室）须组织指导小组按论文质量要求对已完成的论文进行审查，审查的内容不限于论文内容、撰写格式、意识形态等。

7. 研究成果的延续与创新

如果博士研究生学习阶段的科研工作系本人在硕士研究生学习阶段科研工作的继续和深入，其硕士学位论文的成果可以在博士学位论文中引用，但在博士研究生学习阶段应做出创造性的成果。

三、学位论文评阅

学位论文评阅是通过同行专家对学位论文进行评审，提出修改意见，给出是否可以答辩的评价的过程。这是保证学位论文质量的重要环节，也是审核研究生能否按学校的要求，申请学位的重要一环。

（一）学位论文提交

硕士、博士学位论文，必须由指导教师审阅，写出评语，并填入答辩申请书，经所在系、所、教研室审查通过后（博士学位论文应通过预答辩），学位申请人方能提交论文，申请评阅和答辩。

（二）学位论文送审

学位论文的评审一般为匿名评审（有些学校为公开送审）。学位论文的评阅一般是通过“教育部学位与研究生教育发展中心论文送审平台”等系统进行盲审，按专业或专业方向自动匹配评阅人。评阅人评审完学位论文后，再将评阅结果通过系统返回给学校，学校再通知给学位申请人。

硕士论文评阅人应是本学科较高水平专家，每篇硕士学位论文评阅人为 2～3 名。博士论文评阅人应为校外高水平大学和科研机构在本领域的高水平专家，每篇博士学位论文评阅人为 3～5 名。学位申请人的导师不作为评阅人。

答辩前评阅人的姓名和评阅意见应保密，并密封传递，评阅书应全部收回。严禁由学位申请人及导师向评阅人递送学位论文和索要评阅意见。

（三）学位论文评阅结果及运用

学位论文评阅结果作为是否同意答辩的依据，一般分为同意答辩、修改后答辩、不能参加答辩 3 种情况：

（1）同意答辩。学位论文达到相应学位水平要求，按评审专家意见修改后参加本次答辩。

（2）修改后答辩。学位论文基本达到相应学位水平要求，结合评审专家意见进行一定修改后参加本次答辩。

（3）不能参加答辩。学位论文尚未达到相应学位水平要求，不能参加本次答辩。须对论文进行较大修改，3 个月后重新送专家评审。

学校判定是否同意进行学位论文答辩，主要分为以下 3 种情况：

（1）评阅结果为“同意答辩”或“修改后答辩”的，学位申请人应在导师指导下，针对评阅意见完成论文修改，经导师签名同意后方可进行论文答辩。

（2）评阅结果若仅出现 1 份“不能参加答辩”的评阅意见，且其他评阅意见均为“同意答辩”的，学位申请人可依据学位的申请学位论文答辩的细则规定申请评阅复议，并根据复议结果确定是否可以参加本次答辩。

（3）评阅结果不符合上述 2 种情况的，学位申请人不能参加本次论文答辩，应在导师指导下修改论文，并按规定的时间重新申请下一次学位论文评阅和答辩。

第七章　学术不端行为

近年来，剽窃、伪造、弄虚作假等学术不端行为时有发生，这些背离学术道德的行为在稀释着社会对科研群体的信任。建立对学术不端零容忍、积极向上的学术生态才能真正筑起保障学术自由的屏障，这需要每位科研工作者自觉践行新时代科学家精神、恪守学术道德规范、抵制任何形式的学术不端行为。新时代科学家精神是科研人员的底色，要大力弘扬“胸怀祖国、服务人民的爱国精神，勇攀高峰、敢为人先的创新精神，追求真理、严谨治学的求实精神，淡泊名利、潜心研究的奉献精神，集智攻关、团结协作的协同精神，甘为人梯、奖掖后学的育人精神[1]”。

学术诚信意识淡薄、科研工作自律意识不强、科学研究能力有限等都是学术不端行为产生的主要原因。对于刚刚步入学术研究的人员来说，第一步就是要学会慎独，辨别学术不端行为，必须认识到学术不端行为的“底线”与“红线”，只有在科学研究生涯上秉持学术良知，恪守学术规范，才能最大限度地减少甚至避免外界质疑困扰，避免身陷学术不端的囹圄，坦荡自如做科研，壮大新时代科学家团队。

本章主要阐述学术不端行为的定义，科研活动过程中学术不端行为的各类形式、防控举措及处理流程，并利用典型案例，深入讲解学术不端行为的影响，帮助大家了解学术不端行为的内容，掌握及熟悉如何防范学术不端行为，避免无意识学术不规范行为。

第一节　学术不端行为的定义

当前，虽然学术不端事件多发，但是学界对学术不端行为的定义未形成统一认识，通常围绕科学研究、学术活动过程对其进行界定，以伪造、篡改、剽窃等行为为具体表现形式。

本书对学术不端行为的定义参照《高等学校预防与处理学术不端行为办法》（中华人民共和国教育部令第40号）。学术不端行为是指高等学校及其教学科研人员、管理人员和学生，在科学研究及相关活动中发生的违反公认的学术准则、违背学术诚信的行为[2]。

避免学术不端行为，最基本需要掌握诚信行为规范，以养成良好的科研习惯，提高个人实施科研诚信行为的自觉性。根据《医学科研诚信和相关行为规范》（国卫科教发〔2021〕7号），科研人员诚信行为规范包括[3]以下内容：

（1）科研人员在科研活动中要遵循科研伦理准则，主动申请伦理审查，接受伦理监督，切实保障受试者的合法权益。

（2）科研人员在进行项目申请等科研与学术活动时，必须保证所提供的学历、工作经历、发表论文、出版专著、获奖证明、引用论文、专利证明等相关信息真实、准确。

（3）科研人员在采集科研样本、数据和资料时要客观、全面、准确；要树立国家安全和保密意识，对涉及生物安全、国家秘密、工作秘密及个人隐私的，应当严格遵守相关法律法规规定。

（4）科研人员在研究中，应当诚实记录研究过程和结果，如实、规范书写病历，包括不良反应和不良事件，依照相关规定及时报告严重的不良反应和不良事件信息。

（5）科研人员在涉及传染病、新发传染病、不明原因疾病和已知病原改造等研究中，要树立公共卫生和实验室生物安全意识，在相应等级的生物安全实验室开展研究，病原采集、运输和处理等均应当自觉遵守相关法律法规要求，要按照法律法规规定报告传染病、新发或疑似新发的传染病例，留存相关凭证，接受相关部门的监督管理。

（6）科研人员在研究结束后，对于人体或动物样本、毒害物质、数据或资料的储存、分享和销毁要遵循相应的生物安全和科研管理规定。论文相关资料和数据应当确保齐全、完整、真实和准确，相关论文等科研成果发表后1个月内，要将所涉及的原始图片、实验记录、实验数据、生物信息、记录等原始数据资料交所在机构统一管理、留存备查。

（7）科研人员在动物实验中，应当自觉遵守《实验动物管理条例》，严格选用符合要求的合格动物进行实验，科学合理地使用、保护和善待动物。

（8）科研人员在开展学术交流、审阅他人的学术论文或项目申报书时，应当尊重和保护他人的知识产权，遵守科技保密规则。

（9）科研人员在引用他人已发表的研究观点、数据、图像、结果或其他研究资料时，要保证真实准确并诚实注明出处，引文注释和参考文献标注要符合学术规范。在使用他人尚未公开发表的设计思路、学术观点、实验数据、生物信息、图表、研究结果和结论时，应当获得其本人的书面知情同意，同时要公开致谢或说明。

（10）科研人员在发表论文或出版学术著作过程中，要遵守《发表学术论文“五不准”》和学术论文投稿、著作出版有关规定。论文、著作、专利等成果署名应当按照对科研成果的贡献大小据实署名和排序，无实质学术贡献者不得“挂名”。

（11）科研人员作为导师或科研项目负责人，要充分发挥言传身教作用，在指导学生或带领课题组成员开展科研活动时要高度负责，严格把关，加强对项目（课题）成员、学生的科研诚信管理。导师、科研项目负责人须对使用自己邮箱投递的稿件、需要署名的科研成果进行审核，对科研成果署名、研究数据真实性、实验可重复性等负责，且不得侵占学生、团队成员的合法权益。学生、团队成员在科研活动中发生不端行为的，同意参与署名的导师、科研项目负责人除承担相应的领导、指导责任外，还要与科研不端行为直接责任人承担同等责任。

（12）科研人员应当认真审核拟公开发表成果，避免出现错误和失误。对已发表研究成果中出现的错误和失误，应当以适当的方式公开承认并予以更正或撤回。

（13）科研人员在项目验收、成果登记及申报奖励时，须提供真实、完整的材料，包括发表论文、文献引用、第三方评价证明等。

（14）科研人员作为评审专家、咨询专家、评估人员、经费审计人员参加科技评审等活动时，要忠于职守，严格遵守科研诚信要求，以及保密、回避规定和职业道德，按照有关规定、程序和办法，实事求是，独立、客观、公正地开展工作，提供负责任、高质量的咨询评审意见，不得违规谋取私利，不参加自己不熟悉领域的咨询评审活动，不在情况不掌握、内容不了解的意见、建议上署名签字。

（15）科研人员与他人进行科研合作时应当认真履行诚信义务和合同约定，发表论文、出版著作、申报专利和奖项等时应当根据合作各方的贡献合理署名。

（16）科研人员应当严格遵守科研经费管理规定，不得虚报、冒领、挪用科研资金。

(17) 科研人员在成果推广和科普宣传中应当秉持科学精神、坚守社会责任，避免不实表述和新闻炒作，不人为夸大研究基础和学术价值，不得向公众传播未经科学验证的现象和观点。科研人员公布突破性科技成果和重大科研进展应当经所在机构同意，推广转化科技成果不得故意夸大技术价值和经济社会效益，不得隐瞒技术风险，要经得起同行评、用户用、市场认可。医学科研人员发布与疫情相关的研究结果时，应当牢固树立公共卫生、科研诚信和伦理意识，严格遵守相关法律法规和有关疫情防控管理要求。

(18) 科研人员学术兼职要与本人研究专业相关，杜绝无实质性工作内容的兼职和挂名。

第二节　学术不端行为的形式

由于科研环境和制度不完善、学术评价体制不健全、监管制度不严格、学术不端认知能力的缺乏等，学术不端案例和手段层出不穷。根据《科研失信行为调查处理规则》（国科发监〔2022〕221 号），学术不端的具体形式有[4]以下8 种：

(1) 抄袭剽窃、侵占他人研究成果或项目申请书。

(2) 编造研究过程、伪造研究成果，买卖实验研究数据，伪造、篡改实验研究数据、图表、结论、检测报告或用户使用报告等。

(3) 买卖、代写、代投论文或项目申报验收材料等，虚构同行评议专家及评议意见。

(4) 以故意提供虚假信息等弄虚作假的方式或采取请托、贿赂、利益交换等不正当手段获得科研活动审批，获取科技计划（专项、基金等）项目、科研经费、奖励、荣誉、职务职称等。

(5) 以弄虚作假方式获得科技伦理审查批准，或伪造、篡改科技伦理审查批准文件等。

(6) 无实质学术贡献署名等违反论文、奖励、专利等署名规范的行为。

(7) 重复发表，引用与论文内容无关的文献，要求作者非必要地引用特定文献等违反学术出版规范的行为。

(8) 其他科研失信行为。

第三节　学术不端行为的处理及案例

自20世纪90年代中期以来，国内新闻媒体公开曝光各类学术不端案例。近年来，国外学术出版社对中国学者论文的撤稿事件亦越来越多地见诸媒体，这严重损害了我国学术界的形象。

面对学术不端问题易发、多发的态势，我国亟待综合施策，构建源头预防、过程严管、后果严惩的科研诚信管理体系，建设学术不端事件查处机制，强化惩治机制的引导作用。2022年8月25日，科技部、中央宣传部等22个部门对外发布《科研失信行为调查处理规则》（以下简称《规则》），为科研失信行为调查处理工作制定相应的制度，使调查过程更加规范，并使处理的尺度更加一致[4]。

附件

科研失信行为调查处理规则

第一章　总　则

第一条　为规范科研失信行为调查处理工作，贯彻中共中央办公厅、国务院办公厅《关于进一步加强科研诚信建设的若干意见》精神，根据《中华人民共和国科学技术进步法》《中华人民共和国高等教育法》等规定，制定本规则。

第二条　本规则所称的科研失信行为是指在科学研究及相关活动中发生的违反科学研究行为准则与规范的行为，包括：

（一）抄袭剽窃、侵占他人研究成果或项目申请书；

（二）编造研究过程、伪造研究成果，买卖实验研究数据，伪造、篡改实验研究数据、图表、结论、检测报告或用户使用报告等；

（三）买卖、代写、代投论文或项目申报验收材料等，虚构同行评议专家及评议意见；

（四）以故意提供虚假信息等弄虚作假的方式或采取请托、贿赂、利益交换等不正当手段获得科研活动审批，获取科技计划（专项、基金等）项目、科研经费、奖励、荣誉、职务职称等；

（五）以弄虚作假方式获得科技伦理审查批准，或伪造、篡改科技伦理审查批准文件等；

（六）无实质学术贡献署名等违反论文、奖励、专利等署名规范的行为；

（七）重复发表，引用与论文内容无关的文献，要求作者非必要地引用特定文献等违反学术出版规范的行为；

（八）其他科研失信行为。

本规则所称抄袭剽窃、伪造、篡改、重复发表等行为按照学术出版规范及相关行业标准认定。

第三条 有关主管部门和高等学校、科研机构、医疗卫生机构、企业、社会组织等单位对科研失信行为不得迁就包庇，任何单位和个人不得阻挠、干扰科研失信行为的调查处理。

第四条 科研失信行为当事人及证人等应积极配合调查，如实说明情况、提供证据，不得伪造、篡改、隐匿、销毁证据材料。

第二章 职责分工

第五条 科技部和中国社科院分别负责统筹自然科学和哲学社会科学领域的科研失信行为调查处理工作。有关科研失信行为引起社会普遍关注或涉及多个部门（单位）的，可组织开展联合调查处理或协调不同部门（单位）分别开展调查处理。

主管部门负责指导和监督本系统的科研失信行为调查处理工作，建立健全重大科研失信事件信息报送机制，并可对本系统发生的科研失信行为独立组织开展调查处理。

第六条 科研失信行为被调查人是自然人的，一般由其被调查时所在单位负责调查处理；没有所在单位的，由其所在地的科技行政部门或哲学社会科学科研诚信建设责任单位负责组织开展调查处理。调查涉及被调查人在其他曾任职或求学单位实施的科研失信行为的，所涉单位应积极配合开展调查处理并将调查处理情况及时送被调查人所在单位。牵头调查单位应根据本规则要求，负责对其他参与调查单位的调查程序、处理尺度等进行审核把关。

被调查人是单位主要负责人或法人、非法人组织的，由其上级主管部门负责组织开展调查处理。没有上级主管部门的，由其所在地的科技行政部门或哲学社会科学科研诚信建设责任单位负责组织开展调查处理。

第七条　财政性资金资助的科技计划（专项、基金等）项目的申报、评审、实施、结题、成果发布等活动中的科研失信行为，由科技计划（专项、基金等）项目管理部门（单位）负责组织调查处理。项目申报推荐单位、项目承担单位、项目参与单位等应按照项目管理部门（单位）的要求，主动开展并积极配合调查，依据职责权限对违规责任人作出处理。

第八条　科技奖励、科技人才申报中的科研失信行为，由科技奖励、科技人才管理部门（单位）负责组织调查，并分别依据管理职责权限作出相应处理。科技奖励、科技人才推荐（提名）单位和申报单位应积极配合并主动开展调查处理。

第九条　论文发表中的科研失信行为，由第一通讯作者的第一署名单位牵头调查处理；没有通讯作者的，由第一作者的第一署名单位牵头调查处理。作者的署名单位与所在单位不一致的，由所在单位牵头调查处理，署名单位应积极配合。论文其他作者所在单位应积极配合牵头调查单位，做好对本单位作者的调查处理，并及时将调查处理情况书面反馈牵头调查单位。

学位论文涉嫌科研失信行为的，由学位授予单位负责调查处理。

发表论文的期刊或出版单位有义务配合开展调查，应主动对论文是否违背科研诚信要求开展调查，并应及时将相关线索和调查结论、处理决定等书面反馈牵头调查单位、作者所在单位。

第十条　负有科研失信行为调查处理职责的相关单位，应明确本单位承担调查处理职责的机构，负责登记、受理、调查、处理、复查等工作。

第三章　调　查

第一节　举报和受理

第十一条　举报科研失信行为可通过下列途径进行：

（一）向被举报人所在单位举报；

（二）向被举报人所在单位的上级主管部门或相关管理部门举报；

（三）向科技计划（专项、基金等）项目、科技奖励、科技人才计划等的管理部门（单位）举报；

（四）向发表论文的期刊或出版单位举报；

（五）其他途径。

第十二条　举报科研失信行为应同时满足下列条件：

（一）有明确的举报对象；

（二）举报内容属于本规则第二条规定的范围；

（三）有明确的违规事实；

（四）有客观、明确的证据材料或可查证线索。

鼓励实名举报，不得捏造、歪曲事实，不得诬告、陷害他人。

第十三条 对具有下列情形之一的举报，不予受理：

（一）举报内容不属于本规则第二条规定的范围；

（二）没有明确的证据和可查证线索的；

（三）对同一对象重复举报且无新的证据、线索的；

（四）已经作出生效处理决定且无新的证据、线索的。

第十四条 接到举报的单位应在15个工作日内提出是否受理的意见并通知实名举报人，不予受理的应说明情况。符合本规则第十二条规定且属于本单位职责范围的，应予以受理；不属于本单位职责范围的，可转送相关责任单位或告知举报人向相关责任单位举报。

举报人可以对不予受理提出异议并说明理由；异议不成立的，不予受理。

第十五条 下列科研失信行为线索，符合受理条件的，有关单位应主动受理，主管部门应加强督查。

（一）上级机关或有关部门移送的线索；

（二）在日常科研管理活动中或科技计划（专项、基金等）项目、科技奖励、科技人才管理等工作中发现的问题线索；

（三）媒体、期刊或出版单位等披露的线索。

第二节 调 查

第十六条 调查应制订调查方案，明确调查内容、人员、方式、进度安排、保障措施、工作纪律等，经单位相关负责人批准后实施。

第十七条 调查应包括行政调查和学术评议。行政调查由单位组织对相关事实情况进行调查，包括对相关原始实验数据、协议、发票等证明材料和研究过程、获利情况等进行核对验证。学术评议由单位委托本单位学术（学位、职称）委员会或根据需要组成专家组，对涉及的学术问题进行评议。专家组应不少于5人，根据需要由相关领域的同行科技专家、管理专家、科研诚信专家、科技伦理专家等组成。

第十八条 调查需要与被调查人、证人等谈话的，参与谈话的调查人员不得少于2人，谈话内容应书面记录，并经谈话人和谈话对象签字确认，在履行告知程序后可录音、录像。

第十九条 调查人员可按规定和程序调阅、摘抄、复印相关资料，现场查看相关实验室、设备等。调阅相关资料应书面记录，由调查人员和资料、设备管理人签字确认，并在调查处理完成后退还管理人。

第二十条 调查中应当听取被调查人的陈述和申辩，对有关事实、理由和证据进行核实。可根据需要要求举报人补充提供材料，必要时可开展重复实验或委托第三方机构独立开展测试、评估或评价，经举报人同意可组织举报人与被调查人就有关学术问题当面质证。严禁以威胁、引诱、欺骗以及其他非法手段收集证据。

第二十一条 调查中发现被调查人的行为可能影响公众健康与安全或导致其他严重后果的，调查人员应立即报告，或按程序移送有关部门处理。

第二十二条 调查中发现第三方中介服务机构涉嫌从事论文及其实验研究数据、科技计划（专项、基金等）项目申报验收材料等的买卖、代写、代投服务的，应及时报请有关主管部门依法依规调查处理。

第二十三条 调查中发现关键信息不充分或暂不具备调查条件的，可经单位相关负责人批准中止调查。中止调查的原因消除后，应及时恢复调查，中止的时间不计入调查时限。

调查期间被调查人死亡的，终止对其调查，但不影响对涉及的其他被调查人的调查。

第二十四条 调查结束应形成调查报告。调查报告应包括线索来源、举报内容、调查组织、调查过程、事实认定及相关当事人确认情况、调查结论、处理意见建议及依据，并附证据材料。调查报告须由全体调查人员签字。一般应在调查报告形成后的15个工作日内将相关调查处理情况书面告知参与调查单位或其他具有处理权限的单位。

需要补充调查的，应根据补充调查情况重新形成调查报告。

第二十五条 科研失信行为的调查处理应自决定受理之日起6个月内完成。

因特别重大复杂在前款规定期限内仍不能完成调查的，经单位负责人批准后可延长调查期限，延长时间一般不超过6个月。对上级机关和有关部门移送的，调查延期情况应向移送机关或部门报告。

第四章 处 理

第二十六条 被调查人科研失信行为的事实、情节、性质等最终认定后，由具有处理权限的单位按程序对被调查人作出处理决定。

第二十七条 处理决定作出前，应书面告知被调查人拟作出处理决定的事实、依据，并告知其依法享有陈述与申辩的权利。被调查人逾期没有进行陈述或申辩的，视为放弃权利。被调查人作出陈述或申辩的，应充分听取其意见。

第二十八条 处理决定书应载明以下内容：

（一）被处理人的基本情况（包括姓名或名称，身份证件号码或社会信用代码等）；

（二）认定的事实及证据；

（三）处理决定和依据；

（四）救济途径和期限；

（五）其他应载明的内容。

作出处理决定的单位负责向被处理人送达书面处理决定书，并告知实名举报人。有牵头调查单位的，应同时将处理决定书送牵头调查单位。对于上级机关和有关部门移送的，应将处理决定书和调查报告报送移送单位。

第二十九条 处理措施的种类：

（一）科研诚信诫勉谈话；

（二）一定范围内公开通报；

（三）暂停科技计划（专项、基金等）项目等财政性资金支持的科技活动，限期整改；

（四）终止或撤销利用科研失信行为获得的科技计划（专项、基金等）项目等财政性资金支持的科技活动，追回结余资金，追回已拨财政资金；

（五）一定期限禁止承担或参与科技计划（专项、基金等）项目等财政性资金支持的科技活动；

（六）撤销利用科研失信行为获得的相关学术奖励、荣誉等并追回奖金，撤销利用科研失信行为获得的职务职称；

（七）一定期限取消申请或申报科技奖励、科技人才称号和职务职称晋升等资格；

（八）取消已获得的院士等高层次专家称号，学会、协会、研究会等学术团体以及学术、学位委员会等学术工作机构的委员或成员资格；

（九）一定期限取消作为提名或推荐人、被提名或被推荐人、评审专家等资格；

（十）一定期限减招、暂停招收研究生直至取消研究生导师资格；

（十一）暂缓授予学位；

（十二）不授予学位或撤销学位；

（十三）记入科研诚信严重失信行为数据库；

（十四）其他处理。

上述处理措施可合并使用。给予前款第五、七、九、十项处理的，应同时给予前款第十三项处理。被处理人是党员或公职人员的，还应根据《中国共产党纪律处分条例》《中华人民共和国公职人员政务处分法》等规定，由有管辖权的机构给予处理或处分；其他适用组织处理或处分的，由有管辖权的机构依规依纪依法给予处理或处分。构成犯罪的，依法追究刑事责任。

第三十条　对科研失信行为情节轻重的判定应考虑以下因素：

（一）行为偏离科技界公认行为准则的程度；

（二）是否有造假、欺骗，销毁、藏匿证据，干扰、妨碍调查或打击、报复举报人的行为；

（三）行为造成不良影响的程度；

（四）行为是首次发生还是屡次发生；

（五）行为人对调查处理的态度；

（六）其他需要考虑的因素。

第三十一条　有关机构或单位有组织实施科研失信行为，或在调查处理中推诿、包庇，打击报复举报人、证人、调查人员的，主管部门应依据相关法律法规等规定，撤销该机构或单位因此获得的相关利益、荣誉，给予公开通报，暂停拨款或追回结余资金、追回已拨财政资金，禁止一定期限内承担或参与财政性资金支持的科技活动等本规则第二十九条规定的相应处理，并按照有关规定追究其主要负责人、直接负责人的责任。

第三十二条　经调查认定存在科研失信行为的，应视情节轻重给予以下处理：

（一）情节较轻的，给予本规则第二十九条第一项、第三项、第十一项相应处理；

（二）情节较重的，给予本规则第二十九条第二项、第四至第十项、第十二项、第十三项相应处理，其中涉及取消或禁止期限的，期限为 3 年以内；

（三）情节严重的，给予本规则第二十九条第二项、第四至第十项、第十二项、第十三项相应处理，其中涉及取消或禁止期限的，期限为 3 至 5 年；

（四）情节特别严重的，给予本规则第二十九条第二项、第四至第十项、第十二项、第十三项相应处理，其中涉及取消或禁止期限的，期限为 5 年以上。

存在本规则第二条第一至第五项规定情形之一的，处理不应低于前款第二项规定的尺度。

第三十三条 给予本规则第三十二条第二、三、四项处理的被处理人正在申报财政性资金支持的科技活动或被推荐为相关候选人、被提名人、被推荐人等的，终止其申报资格或被提名、被推荐资格。

第三十四条 有下列情形之一的，可从轻处理：

（一）有证据显示属于过失行为且未造成重大影响的；

（二）过错程度较轻且能积极配合调查的；

（三）在调查处理前主动纠正错误，挽回损失或有效阻止危害结果发生的；

（四）在调查中主动承认错误，并公开承诺严格遵守科研诚信要求、不再实施科研失信行为的。

论文作者在被举报前主动撤稿且未造成较大负面影响的，可从轻或免予处理。

第三十五条 有下列情形之一的，应从重处理：

（一）伪造、篡改、隐匿、销毁证据的；

（二）阻挠他人提供证据，或干扰、妨碍调查核实的；

（三）打击、报复举报人、证人、调查人员的；

（四）存在利益输送或利益交换的；

（五）有组织地实施科研失信行为的；

（六）多次实施科研失信行为或同时存在多种科研失信行为的；

（七）证据确凿、事实清楚而拒不承认错误的。

第三十六条 根据本规则给予被处理人记入科研诚信严重失信行为数据库处理的，处理决定由省级及以下地方相关单位作出的，处理决定作出单位应在决定生效后10个工作日内将处理决定书和调查报告报送上级主管部门和所在地省级科技行政部门。省级科技行政部门应在收到之日起10个工作日内通过科研诚信管理信息系统按规定汇交科研诚信严重失信行为数据信息，并将处理决定书和调查报告报送科技部。

处理决定由国务院部门及其所属（含管理）单位作出的，由该部门在处理决定生效后10个工作日内通过科研诚信管理信息系统按规定汇交科研诚信严重失信行为数据信息，并将处理决定书和调查报告报送科技部。

第三十七条 有关部门和地方依法依规对记入科研诚信严重失信行为数据库的相关被处理人实施联合惩戒。

第三十八条 被处理人科研失信行为涉及科技计划（专项、基金等）项目、科技奖励、科技人才等的，调查处理单位应将处理决定书和调查报告同时报送科技计划（专项、基金等）项目、科技奖励、科技人才管理部门（单位）。科技计划（专项、基金等）项目、科技奖励、科技人才管理部门（单位）应依据经查实的科研失信行为，在职责范围内对被处理人作出处理，并制作处理决定书，送达被处理人及其所在单位。

第三十九条 对经调查未发现存在科研失信行为的，调查单位应及时以适当方式澄清。

对举报人捏造歪曲事实、诬告陷害他人的，举报人所在单位应依据相关规定对举报人严肃处理。

第四十条 处理决定生效后，被处理人如果通过全国性媒体公开作出严格遵守科研诚信要求、不再实施科研失信行为承诺，或对国家和社会作出重大贡献的，作出处理决定的单位可根据被处理人申请对其减轻处理。

第五章 申诉复查

第四十一条 举报人或被处理人对处理决定不服的，可在收到处理决定书之日起15个工作日内，按照处理决定书载明的救济途径向作出调查处理决定的单位或部门书面提出申诉，写明理由并提供相关证据或线索。

调查处理单位（部门）应在收到申诉之日起15个工作日内作出是否受理决定并告知申诉人，不予受理的应说明情况。

决定受理的，另行组织调查组或委托第三方机构，按照本规则的调查程序开展复查，并向申诉人反馈复查结果。

第四十二条 举报人或被处理人对复查结果不服的，可向调查处理单位的上级主管部门书面提出申诉，申诉必须明确理由并提供充分证据。对国务院部门作出的复查结果不服的，向作出该复查结果的国务院部门书面提出申诉。

上级主管部门应在收到申诉之日起15个工作日内作出是否受理决定。仅以对调查处理结果和复查结果不服为由，不能说明其他理由并提供充分证据，或以同一事实和理由提出申诉的，不予受理。决定受理的，应组织复核，复核结果为最终结果。

第四十三条 复查、复核应制作复查、复核意见书，针对申诉人提出的理由给予明确回复。复查、复核原则上均应自受理之日起90个工作日内完成。

第六章 保障与监督

第四十四条 参与调查处理工作的人员应秉持客观公正，遵守工作纪律，主动接受监督。要签署保密协议，不得私自留存、隐匿、摘抄、复制或泄露问题线索和调查资料，未经允许不得透露或公开调查处理工作情况。

委托第三方机构开展调查、测试、评估或评价时，应履行保密程序。

第四十五条 调查处理应严格执行回避制度。参与科研失信行为调查处理人员应签署回避声明。被调查人或举报人近亲属、本案证人、利害关系人、有研究合作或师生关系或其他可能影响公正调查处理情形的，不得参与调查处理工作，应主动申请回避。被调查人、举报人有权要求其回避。

第四十六条 调查处理应保护举报人、被举报人、证人等的合法权益，不得泄露相关信息，不得将举报材料转给被举报人或被举报单位等利益相关方。对于调查处理过程中索贿受贿、违反保密和回避制度、泄露信息的，依法依规严肃处理。

第四十七条 高等学校、科研机构、医疗卫生机构、企业、社会组织等是科研失信行为调查处理第一责任主体，应建立健全调查处理工作相关的配套制度，细化受理举报、科研失信行为认定标准、调查处理程序和操作规程等，明确单位科研诚信负责人和内部机构职责分工，保障工作经费，加强对相关人员的培训指导，抓早抓小，并发挥聘用合同（劳动合同）、科研诚信承诺书和研究数据管理政策等在保障调查程序正当性方面的作用。

第四十八条 高等学校、科研机构、医疗卫生机构、企业、社会组织等不履行科研失信行为调查处理职责的，由主管部门责令其改正。拒不改正的，对负有责任的领导人员和直接责任人员依法依规追究责任。

第四十九条 科技部和中国社科院对自然科学和哲学社会科学领域重大科研失信事件应加强信息通报与公开。

科研诚信建设联席会议各成员单位和各地方应加强科研失信行为调查处理的协调配合、结果互认、信息共享和联合惩戒等工作。

第七章 附 则

第五十条 本规则下列用语的含义：

（一）买卖实验研究数据，是指未真实开展实验研究，通过向第三方中介服务机构或他人付费获取实验研究数据。委托第三方进行检验、测试、化验获得检验、测试、化验数据，因不具备条件委托第三方按照委托方提供的实验方案进行实验获得原始实验记录和数据，通过合法渠道获取第三方调查统计数据或相关公共数据库数据，不属于买卖实验研究数据。

（二）代投，是指论文提交、评审意见回应等过程不是由论文作者完成而是由第三方中介服务机构或他人代理。

（三）实质学术贡献，是指对研究思路、设计以及分析解释实验研究数据等有重要贡献，起草论文或在重要的知识性内容上对论文进行关键性修改，对将要发表的版本进行最终定稿等。

（四）被调查人所在单位，是指调查时被调查人的劳动人事关系所在单位。被调查人是学生的，调查处理由其学籍所在单位负责。

（五）从轻处理，是指在本规则规定的科研失信行为应受到的处理幅度以内，给予较轻的处理。

（六）从重处理，是指在本规则规定的科研失信行为应受到的处理幅度以内，给予较重的处理。

本规则所称的“以上”“以内”不包括本数，所称的“3至5年”包括本数。

第五十一条 各有关部门和单位可依据本规则结合实际情况制定具体细则。

第五十二条 科研失信行为被调查人属于军队管理的，由军队按照其有关规定进行调查处理。

相关主管部门已制定本行业、本领域、本系统科研失信行为调查处理规则且处理尺度不低于本规则的，可按照已有规则开展调查处理。

第五十三条 本规则自发布之日起实施，由科技部和中国社科院负责解释。《科研诚信案件调查处理规则（试行）》（国科发监〔2019〕323号）同时废止。

典型案例 （案例涉及具体单位及人员名称做了特殊处理）

案例一[5]：关于对廖××等发表论文存在违反科研伦理规范、代写论文、署名不实、擅标他人基金项目号等问题的处理决定（国科金监处〔2021〕＊＊号）

国家自然科学基金委员会监督委员会对××大学廖××等被撤稿论文"××Liao*, et al. Effects of miR-155..."涉嫌学术不端问题组织开展了调查。

经查，论文第一兼通讯作者廖××在未经伦理审批的情况下收集临床样本，并自费委托第三方公司代做实验、代写论文。此外，廖××还擅自将他人署为作者，擅自标注他人国家自然科学基金项目号。

经国家自然科学基金委员会监督委员会五届九次会议（生命医学专业委员会）审议、国家自然科学基金委员会2021年第七次委务会议审定，决定根据《科研诚信案件调查处理规则（试行）》第二条、第三十三条，并参照《国家自然科学基金委员会监督委员会对科学基金资助工作中不端行为的处理办法（试行）》第十七条第三项及第四项的规定，取消廖××国家自然科学基金项目申请资格5年，给予廖××通报批评。

国家自然科学基金委员会
2021年4月25日

案例二[6]：关于对陈××等发表的论文中存在虚构同行评议意见问题的处理决定（国科金监处〔2021〕**号）

国家自然科学基金委员会监督委员会对××大学陈××等被撤稿论文涉嫌学术不端问题组织开展了调查，涉及论文如下：

论文1：××Chen*，et al. Multifunctional tin dioxide ...

论文2：××Chen*，et al. Insights from investigations ...

论文3：××Chen*，et al. Facile synthesis of ...

论文4：××Chen，et al. Two-dimensional nanosheets ...

论文5：××Chen，et al. Graphene-SnO_2 nanocomposites...

经查，陈××作为涉事5篇论文中3篇论文的通讯作者和另2篇论文的实际联系人，完成了5篇论文的投稿。其在推荐审稿人的过程中提供了虚假的邮箱地址，并使用这些虚假的邮箱，向杂志社回复了10份审稿意见。

经国家自然科学基金委员会监督委员会五届八次会议（综合专业委员会）审议、国家自然科学基金委员会2021年第一次委务会议审定，决定根据《科研诚信案件调查处理规则（试行）》第二条、第三十一条及第三十三条，并参照《国家自然科学基金委员会监督委员会对科学基金工作中不端行为的处理办法（试行）》第十七条第三项的规定，撤销陈××国家自然科学基金项目"电子束辐射场……"（批准号********）、"金属/半导体薄膜……"（批准号********），追回上述2个项目已拨资金，取消陈××国家自然科学基金项目申请资格7年，给予陈××通报批评。

国家自然科学基金委员会

2021年1月29日

案例三[7]：关于对张××等发表论文中存在图片复制旋转问题并在项目申请书、进展/结题报告中提供虚假信息的处理决定（国科金监处〔2021〕**号）

国家自然科学基金委员会监督委员会对张××（先后任职于××大学、××大学）等发表的论文涉嫌学术不端开展了调查，涉及论文如下：

论文1：××Zhang*，et al. Deglycosylation of CD147...

论文2：××Zhang*，et al. siRNA targeted against ...

论文3：××Zhang*，et al. CD147 regulates vascular ...

论文4：××Zhang*，et al. Expression of CD147...

论文5：××Zhang*，et al. Silencing CD147 inhibits...

经查，上述论文存在图片复制、旋转等问题。张××虽未直接参与论文图片的处理编辑，但作为论文1、2、3、4、5的通讯作者疏于监管，负次要责任，还将论文1列入其国家自然科学基金项目（批准号********）申请书中，将论文2、3、4列入其国家自然科学基金项目（批准号********）进展报告中，将论文4、5列入其国家自然科学基金项目（批准号********）结题报告中。

经国家自然科学基金委员会监督委员会五届十次会议（生命医学专业委员会）审议、国家自然科学基金委员会2021年第十三次委务会议审定，决定根据《国家自然科学基金条例》第三十五条第四项、《国家自然科学基金委员会监督委员会对科学基金资助工作中不端行为的处理办法（试行）》第十六条第二项，并参照第十七条第三项的规定，撤销张××国家自然科学基金项目“L－选择蛋白……”（批准号********）、“CD147糖基化……”（批准号********），取消张××国家自然科学基金项目申请资格3年，给予张××通报批评。

国家自然科学基金委员会

2021年9月19日

案例四[8]：关于对庞××等发表的论文存在抄袭剽窃、数据造假、在与科学基金项目无关的科研成果中标注基金项目等问题并在调查过程中隐瞒事实真相的处理决定（国科金监处〔2022〕**号）

国家自然科学基金委员会监督委员会对××大学庞××等发表的论文“××Pang，et al. A Novel Tumor...”涉嫌学术不端开展了调查。

经依托单位调查，该论文存在抄袭剽窃、数据造假和在与科学基金项目无关的科研成果中标注基金项目等问题，第一作者庞××负主要责任。此外，庞××在调查过程中隐瞒事实真相，还应对未如实说明有关情况负责。

经国家自然科学基金委员会监督委员会五届十三次会议（生命医学

专业委员会）审议、国家自然科学基金委员会 2022 年第 8 次委务会议审定，决定参照《国家自然科学基金项目科研不端行为调查处理办法》第四十七条、第四十条，并依照第三十六条第一项，取消庞××国家自然科学项目申请和参与申请资格 5 年，给予庞××通报批评。对其他责任人的处理决定见国科金监处〔2022〕＊＊号。

其他责任人另行处理。

国家自然科学基金委员会
2022 年 5 月 17 日

案例五[8]：关于对刘××在项目申请书中存在篡改代表性论著作者排序问题的处理决定（国科金监处〔2022〕＊＊号）

国家自然科学基金委员会监督委员会对××大学刘××涉嫌学术不端开展了调查。

经依托单位调查，刘××在其科学基金项目"LKB1 调控 PKM2 信号……"（申请号＊＊＊＊＊＊＊＊）和"低氧诱导 PKM2……"（申请号＊＊＊＊＊＊＊＊）申请书中存在篡改代表性论著作者排序问题，刘××对上述问题负责。

经国家自然科学基金委员会监督委员会五届十三次会议（生命医学专业委员会）审议、国家自然科学基金委员会 2022 年第 8 次委务会议审定，决定依照《国家自然科学基金项目科研不端行为调查处理办法》第四十一条第三项，撤销刘××国家自然科学基金项目"LKB1 调控 PKM2 信号……"（申请号＊＊＊＊＊＊＊＊）、"低氧诱导 PKM2……"（申请号＊＊＊＊＊＊＊＊）申请，取消刘××国家自然科学基金项目申请和参与申请资格 3 年，给予刘××通报批评。

国家自然科学基金委员会
2022 年 5 月 17 日

案例六[9]：关于对袁××国家自然科学基金项目申请书存在违规重复申请问题处理结果的通报

国家自然科学基金委员会监督委员会对××大学袁××涉嫌学术不端

开展了调查。

经查，袁××曾参与他人国家自然科学基金项目申请并获得资助，2022年度袁××使用该申请书内容再次申报了国家自然科学基金项目“负载miRNA-214抑制剂……”（申请号＊＊＊＊＊＊＊＊＊），存在违规重复申请的问题，袁××应对上述问题负责。

经国家自然科学基金委员会监督委员会五届十四次会议审议、2022年第10次委务会议审定，决定依照《国家自然科学基金项目科研不端行为调查处理办法》第四十一条第六项，撤销袁××国家自然科学基金项目“负载miRNA-214抑制剂……”（申请号＊＊＊＊＊＊＊＊＊）申请，取消袁××国家自然科学基金项目申请和参与申请资格2年，给予袁××通报批评。

国家自然科学基金委员会
2022年10月24日

参考文献

［1］中共中央办公厅，国务院办公厅．关于进一步弘扬科学家精神加强作风和学风建设的意见［Z］．2019.

［2］教育部．高等学校预防与处理学术不端行为办法［Z］．2016.

［3］国家卫生健康委，科技部，国家中医药管理局．医学科研诚信和相关行为规范［Z］．2021.

［4］科技部，中央宣传部，部门最高人民法院等．科研失信行为调查处理规则［Z］．2022.

［5］国家自然科学基金委员会．2021年查处的不端行为案件处理决定（第二批次）［EB/OL］（2021－07－06）．https://www.nsfc.gov.cn/publish/portal0/jd/04/info81400.htm.

［6］国家自然科学基金委员会．2021年查处的不端行为案件处理决定（第一批次）［EB/OL］．（2021－03－31）．https://www.nsfc.gov.cn/publish/portal0/jd/04/info80862.htm.

［7］国家自然科学基金委员会．2021年查处的不端行为案件处理决定（第三批次）［EB/OL］．（2021－10－22）．https://www.nsfc.gov.cn/publish/portal0/jd/04/info81958.htm.

[8] 国家自然科学基金委员会. 2022 年查处的不端行为案件处理决定（第二批次）[EB/OL].（2022-09-22）. https://www.nsfc.gov.cn/publish/portal0/jd/04/info87325.htm.
[9] 国家自然科学基金委员会. 2022 年查处的不端行为案件处理决定（第三批次）[EB/OL].（2022-10-25）. https://www.nsfc.gov.cn/publish/portal0/jd/04/info87590.htm.